淡定

做内心强大的自己

[美]卡耐基◎著
李昊轩◎编译

比尔·盖茨、希拉里、奥黛丽·赫本、卢英德、奥普拉等与你一同探讨淡定的内心强大力量!

中国商业出版社

图书在版编目（CIP）数据

淡定：做内心强大的自己 /（美）卡耐基（Carnegie，D.）著；李昊轩编译.—北京：中国商业出版社，2012.11
ISBN 978-7-5044-7925-9

Ⅰ.①淡… Ⅱ.①卡…②李 Ⅲ.①人生哲学—通俗读物
Ⅳ.①B821-49

中国版本图书馆 CIP 数据核字（2012）第 261950 号

责任编辑：张振学

中国商业出版社出版发行
010-63180647 www.c-cbook.com
（100053 北京广安门内报国寺 1 号）
新华书店总店北京发行所经销
北京毅峰迅捷印刷有限公司印刷
*
710×1000 毫米 16 开 16 印张 150 千字
2013 年 1 月第 1 版 2015 年 7 月第 3 次印刷
定价：32.00 元
* * * *
（如有印装质量问题可更换）

前言 Preface

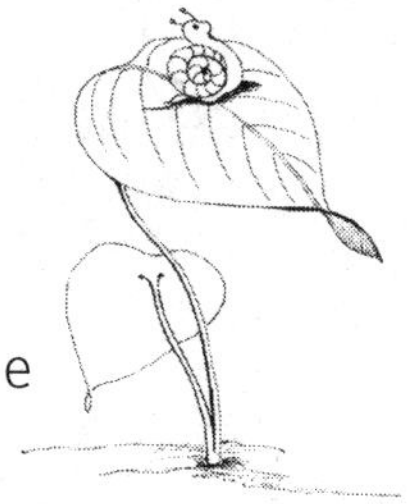

一个年轻人问修道者："这世界如此浮躁，我该怎么攀登到梦想的顶峰呢？"

修道者说："看淡一切啊！"

年轻人又问："可是世事多变，有谁能够预料到下一刻将要发生什么呢？我应当如何去面对呢？"

修道者说："一切随遇而安。"

年轻人又问："人的一生诱惑太多，金钱、美色、地位、名誉……当面对这些时，我该怎么办呢？不要告诉我，让我不在乎，但这些东西每个人都会在乎吧？"

修道者笑了："你觉得不可能做到，是因为你不够淡定。其实看透了，也就淡定了。淡定了，也许看得更透！"说着，他俯身从地上捡起一张纸，叠成一只小船放进身边的小溪。小船不声不响地驶向了远方……

"你看那小船，在水中默默前行，不为任何外力所动，许多人却不解，而这也是某些人做事半途而废的原因。"修道者指着小船对年轻人说。

淡定，是一种思想境界。在生活中，我们无法摆脱世事纷扰，在这样物欲横流的社会中，更应该让自己的内心拥有一份淡定。因为，唯有拥有淡定的内心，才能真正细细品味生活的滋味。

淡定，是一种心态。美国第 32 届总统罗斯福家里被盗了，丢失了许多东西。当老友赶来慰问时，罗斯福却笑着拍着老友的肩头说：“我最亲爱的朋友，我现在心情非常平静，没有一分的愤怒。一则，小偷只是偷走了我的东西，而没有伤害我的身体；二则，小偷只是偷走了部分财物，而没有偷走全部；第三，这点则是最重要的，做小偷的是别人，而不是我。”罗斯福对待生活的这种态度就是对淡定最完美的阐释。

在现在物欲横流的社会中，面对诱惑的抗拒，人们将面临着两难的抉择：有的人守住了精神底线，参透了人生的真谛；有的人却背叛了道德，灵魂跌倒在了地狱的深渊里。

是的，生活中我们经常被环境所影响，被自己的不良情绪所支配。我们总是感觉生活得穷极无聊，我们的精神也变得越发空虚起来。那是因为我们选择失当：我们在选择源源不断地追求物质利益的同时，却忘记了精神上的补给。

俄国哲学家车尔尼雪夫斯基说过：“生活只有在平淡无味的人看来才是空虚而平淡无味的。”当所有尘埃落定，所有的激情都会归于平淡，生活、爱情和人生都是如此，如一朵小花开在清风里，每一个花瓣都散发着淡淡的芬芳。

生活、工作、人生，是苦还是乐，只在一念间。而我们要做到的就是以一颗清醒淡雅的心面对诱惑，耐得住寂寞，受得住清贫，以淡定超然的态度来应对一切。有感于此，我将我的心得整理成《淡定：做内心强大的自己》一书，目的就是要教会你重新认知自己，教会你学习如何应对复杂多变的生活、控制起伏不定的情绪，使你的人际关系顺畅，使你的生活走向坦途！在纷繁芜杂的世界中历练一股强大的内心力量，做内心强大的自己！

目录 Contents

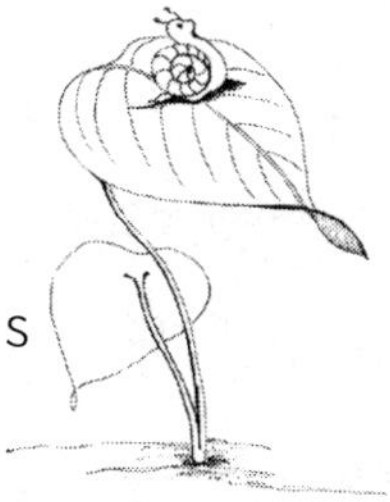

五 淡忘失意，彩虹总在风雨后
——忘却让你远离忧虑

六 自强不息，在生活中做最棒的自己
——自信与自强是成功的内驱力

七 淡然处世，在意念上多些“无所谓”
——永远不为打翻了的牛奶而哭泣

八 培养自信，自己的生活由自己做主
——自信，做一回全新的自己

九 淡雅为人，做个品位高雅的谦谦君子
——修养自己的绅士风度

十 保持淡定，悠然享受美好生活
——淡定是上帝的恩赐

一

淡泊心智，不为虚妄的名利去玩命

——不为撒旦抛下的名利诱饵所迷惑

所谓的淡泊之心即淡定之智，它表明一个人在生活中将名利看作是过眼浮云，不刻意去追求过分的享乐与利益，得亦不喜，失亦不忧的处世态度。在多数人都在为获取名利争得你死我活的现代社会，培养一些淡泊的心智不失为一种明智之举。

看淡名利是一种从容生活的心智

人类70%的烦恼都跟名利有关，而人们在处理名利时，却往往意外地盲目。

《快乐的人生》

一个人如若具备看淡名利的人生态度，那么面对生活，他也就更易于找到乐观的一面。他所看到的是人生值得讴歌的部分，而对可望而不可及的空中楼阁没有兴趣。

自古以来，功名利禄就是一些人的人生奋斗目标。综观古今，在这个世界上，春风得意、踌躇满志的人毕竟还是少数，历史上留下来的更多的还是众多为名和利所困扰、所击败的悲剧。生活的道路本来是很宽阔的，人生的价值也并不全是能够用名和利来衡量的，因此，若想活得轻松自在些，你就应该看淡名利，活出生活的本色。

如果一个人心中的欲望是很有限的，那么对于他来说，外界获得的东西是多是少都与自己无关，少了不足以产生内心的不平衡，而多了也不会助长他的欲望。而假若一个人心中时刻充满着无尽的欲望，那么他也永远不会有舒心的时候。名轻利少则一心想着往上爬、挣大钱，名成利收之后，欲望却又会再一次膨胀。如此循环下去，永远追求着名利，直至生命的尽头仍然不知满足。这样的生命还能有多大意义呢?

现代人面对着花花绿绿的精彩世界，更应当有淡名寡欲的思想，如此方能在纷繁的世界里，在众多的不公平中，在自己的心中，构筑一片宁静的田园。

要能够在纷繁的大千世界始终保持着平和的心态，就要有穷通达观的人生态度。所谓穷通达观的人生态度就是指“穷亦乐，通亦乐”：身处贫穷之中能够找到生活的乐趣，感到快乐；身处富裕之中也能够心态平和，享受生活之乐。说到底，在生活中我们应该始终保持乐观的生活态度，采取一种顺应命运、随遇而安的生活方式，那么不管是处于顺境还是逆境，我们都能过快乐的、自由自在的生活而不会庸人自扰，不会羡慕那些有钱的大款和老板，不会抱怨自己的命不好。

一对夫妻年轻时共同创业，到了中年终于小有成就；公司净资产一千多万，而且发展势头良好，提起这对夫妻档，商界的朋友都伸大拇指。然而就在他们的事业如日中天的时候，两人却隐退了，他们辞去了董事长、总经理的位置，将大部分股份卖给一个他们平时就很欣赏的企业家，将房子和车委托给好朋友照管，两个人潇洒地环游世界去了。消息传出后，大家都觉得太可惜，一些亲戚朋友也不理解，讽刺他们说："年纪这么大了，办事却像小孩子一样，那么大的家业说丢就丢，放着好好的老总不做，偏要去环游世界!"

在一些人眼里，这对夫妻确实很傻，竟然抛下名利，从此以后，他们再也体验不到当老总前呼后拥的风光，大把大把赚钱的乐趣了。其实，这对夫妻自有他们对生活的理解和选择，他们抛弃了虚名浮利恰是要感受生活的真正乐趣。

名望，是一种荣誉，一种地位。有了名望，通常可以万事亨通，光宗耀祖。名望这东西确实能给人带来诸多好处，因而不少人为了一时的虚名所带来的好处，会忘我地去追求名。

然而，沉溺于名望会让你找不到充实感，让你备感生活的空虚与落寞。尤为可怕的是，虚名在凡人看来往往闪耀着耀眼的光芒，引诱你去追逐它。尽管虚名本身并无任何价值可言，也没有任何意义，但是总有那么一些人为了虚名而展开搏杀。真正体会到生命意义、人生真谛的人都不会过于看重虚名。其实，实在没有必要为了得到一个毫无价值、毫无意义的虚名而去勾心斗角，弄得邻里打得头破血流，朋友反目成仇，兄弟自相残杀。

毋庸置疑，钱，是一种财富，是让生活更加舒适的保证。有了钱，就可以住豪宅，开名车，吃大餐，在一些人眼里，金钱甚至是一种带有魔力的，可以让人为所欲为的东西。

然而任何事情都有相反的一面，金钱也会给你带来很多麻烦。比如有了钱以后，你就得为自己的安全担扰，谁知道哪个家伙是不是正打着“劫富济贫”的算盘；有了钱，你就会失去很多朋友，你可能会担心对方是不是冲着你的钱来的……

人的一生面临许多关卡，许多事情都是难以预料的。不管是名分地位还是财富，都不是自己所能决定的。或许高官厚禄、巨额钱财在顷刻之间就会离你而去，荣耀风光成为黄粱一梦；一些人老谋深算，为了争名夺利，不择手段地算计他人，可在突然之间却已被他人算计。人何必活得这么辛苦，又何必活得这么虚妄？因此，淡泊名利是人生幸福的重要前提。如果你渴望轻松，渴望真正地获得生命的意义，那么你从现在起，就把名利看得淡一些。

满足现状是最具理性的处世智慧

对必然的事轻快地承受，就像杨柳承受风雨，水接受一切容器，我们也接受一切事实。

《人性优点》

所谓的现状，就是一个人所拥有的，已经相对稳定了下来的生存和生活状况，它是现实对你的人生暂时的框定，你要是刻意地去打破它，就是在与现实进行碰撞。

美国人艾迪·雷根伯克在探险时，与他的同伴迷失在浩瀚的太平洋里，他们毫无希望地在救生筏上漂流了21天之久。艾迪说：“我从那次经验里所学到的最重要的一课是：如果你有足够的新鲜的水可以喝，有足够的食物可以吃，你就绝不要再抱怨任何事情了。”后来，艾迪在他浴室的镜子上贴上了这样几句话，好让自己每天早上刮胡子的时候都能看到：

人家骑马我骑驴，

回头看看推车的，

比上不足，比下有余。

知足，是对欲望的一种理性的审视。俄国作家契诃夫对知足常乐有深刻的体会，他说："为了让内心不断感到幸福，甚至在忧伤悲愁的时候也不变，那就需要善于满足现状；高兴地体会到'本来事情可能更糟'。如果你有一颗牙疼起来，那你就要欢欢喜喜，因为你不是满口牙都疼。你手上扎了一根刺，你要高兴地喊一声：'幸亏不是扎在眼睛里！'"

红尘滚滚，步履匆匆。为名来，为利往，为一日三餐奔波。浮躁的心难得被什么打动。不经意间，却听到一个平淡却可以震撼心灵的故事。

一对年已耄耋的夫妇，女的因偏瘫长年卧床，男的亦患上轻度的老年痴呆症。每天，做丈夫的总是坐在妻子的床旁，默默地陪伴着老妻，偶而说上几句话；做妻子的则总是抓住丈夫的一只手，无言地摩挲着。

到了吃饭的时间，丈夫就会搀扶起妻子，走到饭桌边，和儿子一家共同进餐。老妇人如果不慎呛一下，就会有一只布满老年斑的大手轻轻拍拍她的背……吃过饭，两位老人就手拉手地在沙发上小坐，看着儿孙们收拾饭桌。一日又一日，老人们就这样和儿子一家过着清贫的生活。

黄金万两又怎样？从这对老夫妇平常的生活中，我们不难读出他们在几十年沧桑岁月中相濡以沫的幸福。

对待人生始终秉持台上台下的那份从容

重名利的人被智者所轻蔑，为势力者所叹服，为阿谀者所崇拜，而为自己的虚名所奴役。

《快乐的人生》

每个人在一生中都会有得意或失意，对待两种不同境况的态度也是检验一个人处世态度的标准。

当我们在台上的时候，要做好下台的准备；如果我们在台下的时候，就应该随时准备上台。

人生是一个大舞台，没有人永远在台上，也没有人永远在台下，只是时间的长短而已，唯有把握住上台时演出的角色，演什么像什么，扮好自己的角色，那么不管是主角或者是配角都是值得鼓掌的。

所谓的在台上就是自己享受名利的时候，是被人所羡慕的时候，如果你在台上，应努力扮演好自己的角色，尽自己的责任；所谓的下台就是人生不如意的时候，是当凡人的时候，这时，也不必感叹，不如做个最好的观众，给予台上的人热情的掌声。

在台上，固然是众所瞩目的所在，但是所受的压力较大，且容易成为被攻击的目标；在台下，虽然无法光芒四射，但若能沉潜自得，倒可明哲保身，不必成为别人的箭靶。那么要留在台上或者是走下台，的确考验着每个人的智慧，但是有时候要上台或是下台，也不是自己所能掌控的，有时是环境使然，有时是“人在江湖身不由己”。

台上也许风光，但是没有永远不凋谢的花朵，常春树固然可喜可贺，也要随时做好下台的准备。唯有懂得何时上台，何时应该下台的人生哲学，才能在社会上找到安身立命的处世原则。

纵观一个人的人生道路，大都呈波浪起伏、凹凸不平之状。但是，当一个人集荣华富贵于一身时，他是否想到会有高处不胜寒的危机、有长江后浪逐前浪的窘迫呢？好吧，那就不要过分贪恋巅峰时的荣耀和风光，趁着巅峰将过未过之时，从容地撤离高地，或许下得山来还有另一番风光呢！

有一个拳手，在连续获得203场胜利之后却突然宣布退役，而那时他才28岁，因此引起很多人的猜测，以为他出了什么问题。其实不然，这个拳手无疑是明智的，因为他感觉到自己运动的巅峰状态已是明日黄花而以往那种求胜的意志也迅速落潮，这才主动宣布撤退，去当了教练。应该说，他的选择虽然有所失，甚至有些无奈，然而，从长远来看，却也是一种如释重负、坦然平和的选择，比起那种硬充好汉者来说，他是英雄，因为他毕竟是消失于人生最高处的亮点上，给世人留下的毕竟是一个微笑。

因此，做一个明智的人，既然“拿得起”那颇有分量的光环，也同样应当“放得下”它，从而使自己步入柳暗花明的新天地，做出另一种有意义的选择。这样，我们又有什么惆怅或遗憾的呢？

人生旅途中，总会遇到某些不得已的情况而不得不“放下”的时候。比如，一个人到了年迈体衰时，就有突然遭遇“被剥夺”辉煌的可能，这当然也是考验人如何对待“拿”和“放”的时候。美国第一位总统、开国元勋华盛顿连任一届总统后便坚持不再连任。他离任时，坦然地出席告别宴会，坦然地向人们举杯祝福。次日，他又坦然地参加了新任总统亚当斯的宣誓就职仪式。然后，他挥动着礼帽，坦然地回到了家乡维农山庄。这一瞬间，却给历史留下了永恒的光彩。英国著名科学家赫肯黎，因其卓越的贡献而享有崇高的声望，然而，到了80岁时，赫氏不得不考虑放弃解剖工作时，他毅然辞去了所任的教授、渔业部视察官等职务。最后，他还辞去了一生中最高的荣誉职务——英国皇家学会会长。不难设想，此时赫肯黎的心情何其沉重、心绪多么复杂，他甚至在发表了辞职演说后对友人这样说：“我刚刚宣读了我去世的官方讣告。”尽管如此，他毕竟如此“放下”了，在没人强迫的情况下如此

“放下”了。一个职务，一种头衔，自然意味着一个人在社会上所取得的成就和地位，它的意义是不言而喻的。然而，华盛顿和赫肯黎都有“拿”上了自身地位最高的辉煌，可他们又都主动“放”下去了。一位名人说得好：“重要的并非是你拥有了什么，而在于你忍受了什么。”以坦然和克制的态度去承受离任或离职之“放”的人，应该说他活出了一份潇洒与光彩，活出了一种落落大方的风范。

生活中，一个人有可能遭遇到这样一些情形：人生——无论功绩或是职务——并未达到最佳状态和最高峰，却因为意外地遭受到某种打击，迫使人去直面“放下”的窘迫。这时候，最重要的也许是尽快学会如何“爬起来”。“跌下去不疼，爬起来才疼”，这就是痛定思痛的一种表现了。反思固然必要，可是，如若长久地斤斤计较于“痛”上面，那就反而作茧自缚、手足无措了。美国南北战争时期，南军的主将罗伯特在投降仪式上签字以后，心情十分沉重。他默默地回到弗吉尼亚，避开了所有的公共集会及所有爱戴他的人们。后来，他又默默地接受了政府的邀请，出任华盛顿学院院长一职。不耽于沮丧与懊悔，一切复兴家园的“战役”始终在默默地进行之中。应该说，罗伯特是明智的，他懂得：“将军的使命不单单在于把年轻人送上战场拼杀，更重要的是教会他们如何去实现人生价值。”看来，罗氏是真正弄懂了如何在“放得下”中实现自己价值的人，这情形恰如爱因斯坦所说的那样：“一个人真正的价值，首先在于他在多大程度上和什么意义上从自我中解放出来。”像罗伯特那样跌倒之后又爬起、“拿起”之后又“放下”，这里面的大勇气和大坦诚是令人钦佩的。

过剩的资财是无意义的

如果我们不可能改善我们的经济情况，也许我们可以改进心理态度。且让我们记住，即使我们拥有整个世界，我们一天也只有吃三餐，一次也只能睡一张床——即使是一个挖水沟的工作也可如此享受。

《快乐的人生》

人的需要其实是很低的，人的无限欲望是不理智的，人们只有放下过分、过强的欲望，才能让自己被重重压迫的心灵得到舒缓和解放。

人生在世，尽自己的能力为自己也为他人创造幸福，或创造自己最满意的生活，这是合情合理的。但我们在为理想而拼搏的时候，也必须正视这样的事实：拼搏归拼搏，现实归现实，两者之间的反差也是较大的。每个人都在拼搏，但并不一定每个人都能得到最满意的结果。我们每个人都必须有勇气，有一个好心态接受自己努力的结果，哪怕是较差的结果，知足常乐才是最主要的，其他的都是无所谓的。

相传宙斯结婚时，举行盛大宴会，招待所有的神及所有的动物，但乌龟没有出席。过后宙斯问乌龟为什么不来赴宴，乌龟回答说，我家里虽然没有醇酒美食，华衣乐舞，更没有豪华的宫殿、气派的居所，我也享受不过来那么多好东西，我觉得在家挺好的，所以没去。

听了乌龟的这番回答，宙斯气愤至极，就罚乌龟永远驮着他的家行走。

乌龟的好友不解地问："你怎么就不悲伤呢？"

乌龟答道："我拥有这么美好的一个家，我的老父老母虽然好几百岁了，可他们的身子骨还硬朗着呢！再活上百八十年也没有问题；我的一双儿女虽然年幼，但他们聪明伶俐，将来一定会有出息；我的妻子虽然偶尔会有些小病，但她坚强乐观，待公婆也特别孝顺；我吃的虽是粗茶淡饭，但都清洁卫生，新鲜可口；我穿的虽然不是油亮毛皮，但是结实耐穿；我的生活每天都能面对阳光，面对清泉……老天待我不薄啦！我还不知足吗？”

动物们听了这一席话，不禁充满羡慕地叹道：“说的有道理。”

生活中常能看见抱怨的人，愁眉苦脸的人。他们那种追求物质享受的无穷欲望，使他们成为财富的奴隶。买了大房子还想买更大的房子；小汽车换了一辆又一辆；家具换了一套又一套！那无限膨胀的对财富、对权利的欲望，影响了健康、爱情、婚姻、家庭及快乐，整天为此疲于奔命，寝食难安，带来无限的烦恼。更有甚者，忙碌中也达不到目的，就铤而走险，采取违法手段来满足欲望。

反之，生活中坦然、快乐的人倒是那些出入平常居室的人，他们没有尔虞我诈，没有卑躬屈膝，生活的倒也安稳。

有这样一个故事可以反映出这样两种心态的差异。

曾有两个墨西哥人沿密西西比河淘金，到了一个河岔分了手，因为有个人认为：阿肯色河可以掏到更多的金子，而另一个人认为：去俄亥俄河发财的机会更大。

十年后，去俄亥俄河的人果然发了财，在那儿他不仅找到了大量的金沙，而且建了码头，修了公路，还使他落脚的地方成了一个大集镇。现在俄亥俄河岸边的匹兹堡市商业繁荣，工业发达，无不起因于他的拓荒和早期开发。

而进入阿肯色河的人似乎没有那么幸运，自分手后就没了音讯。有的说已经葬身鱼腹，有的说已经回了墨西哥。

直到50年后，一个重2.7公斤的自然金块在匹兹堡引起轰动，人们才知道他的一些情况。当时，匹兹堡《新闻周刊》的一位记者曾对这块金子进行跟踪，这位记者写道：“这颗全美最大的自然金块来源于阿肯色，是一位年轻人在他屋后的鱼塘里捡到的，从他祖父留下的日记看，这块金子是他的祖父扔进去的。”

随后，《新闻周刊》刊登了那位祖父的日记。其中一篇是这样的："昨天，我在溪水里又发现了一块金子，比去年淘到的那块更大，进城卖掉它吗？那就会有成百上千的人拥向这儿，我和妻子亲手用一根根圆木搭建的棚屋，挥洒汗水开垦的菜园和屋后的池塘，还有傍晚的火堆，忠诚的猎狗、美味的炖肉、山雀、树木、天空、草原，大自然赠给我们的珍贵的静逸和自由都将不复存在。我宁愿看到它被扔进鱼塘时荡起的水花，也不愿眼睁睁地望着这一切从我眼前消失。"

要知道，18 世纪 60 年代正是美国开始创造百万富翁的年代，每个人都在疯狂地追求金钱。可是，这位淘金者却把淘到的金子扔掉了，有人认为他是傻瓜，直到现在还有人在惋惜。可事实上，这个人才是真正的智者，是真正淘到金子的人。

享受现实，远离虚荣

虚妄的名利带给人们的麻烦是有目共睹的，所以，我们要远离和扯掉那些华而不实的外衣，千万不要成为它们的奴隶。

《智慧的锦囊》

我们如果有心留意一下现实的生活，就不难发现：初次见面的两个女人，在相互打招呼的瞬间，就会将对方从头到脚打量一遍，以确定对方的价值。比如对方的饰品、服装以及携带物，都是可以评估的对象。如果哪位身上佩带着金项链或钻戒的话，那就会更加认真地"研究"一番，以确定它是真品还是赝品，价钱多少等等。

一天，两位穿戴华丽的夫人，在豪华的商场珠宝行相遇了。一位夫人说："你瞧，这颗蓝晶晶的钻戒真漂亮，我打算买下来。你呢，看中哪一款了？""哦，那好啊。但我却不打算买，并不是这些珠宝不够漂亮，我是看它们好像有些灰尘，一定是摆的时间太久了。”另一位夫人回答：“没关系，我家里有昂贵的法国红酒，买回去清洗一下就行了。”“哎哟！你还要用红酒来清洗呀？真是太麻烦了。我的珠宝只要一沾了灰尘，就扔掉了！”

这个故事生动地反映了两个女人爱慕虚荣的心理：一个用买钻戒来表现自己的富有，用昂贵的红酒清洗来炫耀自己奢侈的生活；而另一个则表示自己的钻戒沾了一点灰尘“就扔掉”来表明傲气与富有。可见，两人的“虚荣情结”是多么的深刻。

心理医生告诉我们，预防虚荣行为，要及时进行自我心理纠偏。如果个人已经出现自夸、说谎、嫉妒等病态行为，可以采用自我心理训练。就是给自己施加一定的自我惩罚，如用套在手腕上的皮筋反弹自己，以求警示与干预作用。久而久之，虚荣行为就会逐渐消退。

虚荣给人们带来的麻烦是有目共睹的，所以我们要扯掉那一层华而不实的外衣，千万不要成为虚荣的奴隶。

克服虚荣的心理，首先应该提高自我认知，正确认识自己的优缺点，分清自尊和虚荣的界限。要懂得诚实、正直是做人最起码的要求，我们绝不能为了一时的心理满足而扭曲了心灵。而一个人只有做到自尊自重，才不至于在外界的干扰下失去人格。所以，我们要珍惜自己的人格，崇尚高尚的人格就可以使虚荣心没有机会占据上风。

人应该追求内心真实的美，不图华丽的虚名。一个人追求真实，就不会通过不正当的手段来炫耀自己，就不会徒有虚名、华而不实。很多人能在平凡的岗位上做出不平凡的成绩，就是因为有自己的理想。同时，要正确评价自己，既要看到自己的长处也要看到自己的不足，时刻把实现理想作为主要的努力方向，就不会心有杂念。

此外，还要树立正确的荣辱观。对荣誉、地位、得失、面子要持有一种正确的认识。一个人活在世界上要有一定的荣誉与地位，这是心理的需要。每个人都应十分珍惜和爱护自己的荣誉与地位，但这种追求必须与个人的社会角色相一致，才不会出偏差。关于“面子”不可没有，也不能强求；如果“打肿脸充胖子”，过分追求荣誉来显示自己，就会使自己的生活过的很不舒服。

其次，要认识到虚荣所带来的危害。一些虚荣心很强的人，往往都意识不到自己的虚荣，不肯承认自己的虚荣行为，所以很难克服虚荣。要清楚虚荣是一种虚假的荣誉，它可能得到一时的满足，填补一下内心的空虚，却解决不了根本问题。但你却会为它背上沉重的包袱，并时刻担心怕失去它，如此一旦失去，就会痛苦不堪。

还有，做人要脚踏实地，养成实事求是的作风。过于虚荣的人往往都情绪不稳，能满足虚荣心时就有很高的热情，一旦虚荣心得不到满足，情绪就会一落千丈。因此，克服虚荣心要从实际出发，踏实工作，培养锻炼自己的真才实学和良好的心理素质，才能挣脱虚荣的魔咒。

另外，攀比也是诱发虚荣的一个主要原因。如果一味地去跟他人比较，心理永远都无法平衡，反而会促使虚荣越发强烈。所以，要正确对待别人的评价，正确看待他人的优越条件，以此作为自己前进的榜样。要通过自己的实际努力来满足自己的需要。只有自信和自强，才能不被虚荣心所驱使，才能成为一个有高尚品格的人。

看淡财富，并不会降低幸福指数

财富和幸福两者不是等同的，如果一个渴望幸福的人却把追逐的对象放在了财富上，即使他追到了自己生命的尽头，他也不会看到幸福是什么样。

《快乐的人生》

“拥有金钱，并不等于拥有幸福；而要想拥有幸福，却必须拥有金钱”。“金钱并不能买来一切，比如再多的金钱也未必能买来知识、健康、快乐、爱情、幸福”。无论正反对错，诸如此类的格言无不是在表明同一个问题：金钱与幸福之间存在着密切关系。

财富与幸福是两个完全不同的概念。然而，在经济飞速发展的当代社会，有相当一部分人给二者划上了等号。那么，金钱究竟在幸福参数中占有什么样的位置？是不是有金钱就会有幸福呢？这一直是人们争论不休的话题。

在财富与幸福关系的数据分析中发现："衣食足"的人群中，财富的多寡，与主观幸福体验没有多大关系。或者说，在达到舒适温饱之后，财富的增加所带来的幸福感会越来越弱。正如一个研究者所形容的，开奔驰上班的人，并不一定比坐公车上班的人幸福很多。可见，财富和幸福感是不成比例的。财富虽然是人人向往的东西，但财富未必意味着绝对的幸福。

也许人人都想过这样一个问题：挣钱是为了什么？这似乎是一个再简单不过的问题了，所有人肯定会毫不犹豫地脱口答出："为了改善自己的生存条件；为了生活得更好、更幸福。"俗话有，有钱能使鬼推磨，但是有钱真的就能幸福吗？

美国宾夕法尼亚大学的格伦·法尔博和哈佛大学的劳拉·塔赫曾做过一项调查研究。他们选取了两万名美国公民，从 20 岁到 64 岁不等，从年龄、家庭收入、健康状况、文化水平、种族和婚姻状况等众多因素入手进行了研究。最终他们发现，主宰人们幸福的最主要的因素是健康，其次才是金钱与家庭状况。

心理专家研究发现：在影响人们幸福的因素中，金钱只起到 1/5 的作用，在构成美好生活的成分中，它所起的作用则是 1/6。伊利诺伊大学心理学家的一项研究显示：中大奖的人在他们交好运一年以后，会变得比以前更加不快乐。还有许多对中奖者的调查表明：突然间得到大量的金钱并不会使人幸福。当过了中大奖带来的新鲜期，他们反而会陷入不安之中，而且他们的生活也会遭到一定程度地破坏，比如与朋友之间产生隔阂，与家人吵架，对奢侈的生活不适应等等。因此，并不是只有富翁才有资格获得幸福快乐的生活，因为快乐感和满足感取决于相对的富有，来自于对比中的优越。也就是说，你只要比周围的邻居们更富有一点，你就更容易感到幸福。

巴尔扎克说过：“黄金的枷锁是最重的。”现实生活就是这样，在我们忙着淘金的同时，似乎逐渐忘记了那曾在“岸边”的初衷，在不断创造物质财富的同时，逐渐迷失了自我，变得机械和麻木，再也没有了清贫时的单纯和真诚，多了几分城府和狡诈。在财富与压力指数成正比的今天，富人追求目标的同时，也放弃了常人垂手可得的普通幸福，超过限度的金钱反而会成为烦恼的代名词。

是的，有舍有得，在你获得财富的同时，定会失去一些东西。一些过分追求物质财富的人，往往富了口袋，穷了脑袋，表面上看整天生活在灯红酒绿的环境下，貌似快乐，实则空虚。所以，对于财富，我们的态度决定了生活的质量。在获得一定的财富后，做财富的主人而不是财富的奴隶，才能得到幸福。

德国哲学家齐美尔说：“金钱是一种介质、一座桥梁，而人不能栖居在桥上。”看淡财富，让金钱成为点缀生活幸福的工具，只有看淡金钱，幸福才能常留身边。

别为了满足虚荣心而苦了自己的生活

解决人类的虚荣心问题，其根本不在如何去取缔它，而在于如何去改善它，诱导它走向对人有用的方向。因为破坏虚荣，也等于破坏了整个人类呢！即使人类被破坏到只剩下最后一个人时，他也还会为自己能够独自存活而沾沾自喜呀！

《美好的人生》

不要随意放纵自己，不要轻易被各种诱惑所蒙蔽，坚持自己的方向与计划，管理好自己的人生，否则，你很可能因为贪图眼前的名利而损失掉生命中真正的财富。

追求名利常常成为虚荣者的生活目标。

所谓的虚荣，即：表面上的光彩。虚荣心是指追求、爱慕表面上光彩的思想、心态、观念和意识。一个人如果只追求表面的光彩，只能得到一时的满足，而将自己的心拖入永久的疲惫中。

很多虚荣的人，都认为工作一定要比别人好、工资要比别人高、人脉要比别人广、升职要比别人快、衣服要比别人贵、房子要比别人大、吃的要比别人讲究、用的要比别人高档……可是要样样都比别人好，就必须比别人付出更多的努力。如果一个人将所有的精力和时间浪费在没完没了的比较当中，带给他的只能是心情越来越紧张和焦躁，感觉越来越累，快乐也越来越少。

虚荣固然可以让我们荣耀一时，但是，你需要付出多少来为这一时的灿烂买单呢？莫泊桑的小说《项链》描写了这样一个故事。

玛蒂尔德是一个漂亮的女子，但是出身贫寒。因为长得漂亮，所以她认为，只有王子、香水和昂贵的珠宝才能与她相匹配。然而，现实却捉弄了她，她最终嫁给了一个小职员。

但是，玛蒂尔德并不甘心，她对贵夫人的生活心驰神往，总是渴望自己能够穿上一件漂亮的长裙，再戴上一挂美丽的钻石项链，她认为，只要她拥有这些，完全可以使上流社会的小姐和夫人们黯然失色。

终于，她等到了一个绝佳的机会。有一次，她被邀请去参加公共教育部长和夫人举行的盛大晚宴。为了能让自己成为宴会的焦点，她的虚荣心疯狂地膨胀了起来。她买了件新衣服，化了精致的妆容，还特地从朋友莱斯蒂太太那里借来了一颗钻石项链。一切准备就绪，只等着晚会的时候大放光彩。

果然，她成为了晚会上最出众的女人。晚会后，她仍陶醉于被人仰望的快感之中，久久不能自拔。当她对着镜子卸妆的时，赫然发现脖子上的钻石项链不见了，怎么找也找不到。

后来，她和她的丈夫开始省吃俭用，辛苦工作，用了整整 10 年的时间才挣够了赔偿这条钻石项链的钱，而那晚光彩照人的玛蒂尔德早已变得苍老憔悴。

玛蒂尔德为自己一时的虚荣赔上了自己一生的青春和幸福，这是得不偿失的。可见，虚荣是人生的一大悲哀。人生很短暂，真正属于自己的快乐更是珍稀，为何还要为了迎合别人而改变自己呢？为什么不能为了自己真实而快活地活一次呢？而且，人的价值是靠实力来支撑的，并不靠靓丽的外表来体现。

美国文化精神领袖爱默生曾告诫年轻人："幻想成功、追求名誉无可厚非，但更重要的是脚踏实地的精神。"他说："当一个人年轻时，谁没有空想过？谁没有幻想过？想入非非是青春的标志。但是，我的青年朋友们，请记住，人总归是要长大的。天地如此广阔，世界如此美好，你们需要的不仅仅是一对幻想的翅膀，更需要一双踏踏实实的脚！"

用低调对待名利

一个低调对待名利的人，所得到的不仅仅是更加和谐巩固的人际关系，同时还能使自己的思想境界更开阔，原本是低姿态做人，却能以高价值收取回报。

《人性的优点》

在这个物欲横流的年代里，许多人都将自己的人生模式设定为加法和乘法，恨不得将世界上所有美好的东西都揽入自己怀中。由于心中的欲望不断膨胀，人们自然而然地希望自己能够拥有更多：财富越积越多、名声越传越响、地位越攀越高……在追求利益最大化和名誉超然化的过程中，人们逐渐走入了一个误区，认为什么都是越多越好。

岂不知，无休止地争名逐利，会彻底摧毁我们正常的生活。到那时，我们就会被囚禁在一个叫做"名利"的笼子里，整天为了"摆脱"

而使自己疲惫不堪。

对许多在职场上打拼的人来说，选择用低调来对待名利是明智的，更有可能在无意中将其演变为高回报。当我们为了升职而心力交瘁的时候，不妨停下追逐的脚步，或许在转身的一刹那，生活会为我们开启另一扇门。只要穿过这扇门，我们就能欣赏到更加迷人的风景。

安迪是一家大型IT企业的技术经理。他所在的部门不仅成功培养出十多名精英，包括他在内的五个人更是被公司选定为技术总监的候选人，将接受来自上司长达半年的考核，选出综合素质最高者出任总监。

私下里，很多同事都认为34岁的安迪最具竞争力，他的顶头上司也暗示过他要多加努力。然而，从公司下达选拔令之后，安迪明显感觉到自己与几名竞争者的关系骤然紧张起来，原本亲如手足的伙伴，一下子变成了争名逐利的对手，这是让他无法接受的。

在安迪看来，IT行业吸引他的地方并不在于能升职加薪，而是每天可以做自己喜欢的事情，进一步提升自己的能力，享受同事之间自如和谐的关系。对于名利，他完全不在乎，而那些指挥别人、协调关系等工作更是一种负担。

究竟是接受自己不喜欢的生活，继续追逐更高的职位，还是退一步接着过自己喜欢的生活？最终安迪做出了一个令所有人吃惊的决定：放弃技术总监的角逐。

这样的放弃在职场中很常见。很多人沿着自己最初制定的职业发展道路狂奔了许久，在分岔路口却突然发现，自己并没有朝着喜欢的方向前进。于是，有些人选择了低调对待，毅然地放弃了那些流光溢彩、华丽不实的名利争夺，只留下自己认可的几项核心资产。

如果从职业发展的角度来看，人的前半生可以说是一个渐近上升的过程。我们经过对自身的分析，制定出适合自己的职业规划，不断寻求各种能令自己增值的途径，提升自己的价值，积累名誉、地位、薪水以及技术水平等职业资本。而人的后半生则更像是一个递减的过程。我们需要重新审视自己，制定出一个新的生活规划，减去所有纷繁杂乱的诱惑，减去对财富、名利的追求，减去我们内心不堪重负的欲望，保留相对唯一的价值标准，用来指导自己所有的重大抉择。

对于安迪的决定，公司上下除了一片惊讶的声音之外，更多的是大家对他由衷地佩服。尤其是之前那几位与他竞争的同事，此时也纷纷向他表示敬意。

经过多次协商，上司对安迪的能力赞赏有加，同时也一致认可他的大度、宽容、淡泊名利的精神。为了给予奖励，特别为安迪设立了一个技术顾问的职位。这样一来，他既得到了更多技术研究的资源与权力，也可以专心做自己喜欢的工作，又不必牵扯精力在不擅长的事情上。安迪用低调对待名利的行为，得到了大家的肯定，也给自己带来了巨大的收获，真是皆大欢喜。

如今，低调对待名利的职业生涯已经步入了一个崭新的时代，走在这里的人们不必再为简单的生存愿望而奋斗，而是情愿为某个目标或某个理想去放弃自己已经拥有的东西，将曾经追逐名利的劲头转向人生的另一片领域，去寻找真正适合自己的生活。

时代正以我们难以想象的速度向前发展；社会也正以我们无法知悉的方式，不断变化。行走职场，每个人都有机会去实践自己的梦想。只要目标明确，积极进取，把握方向，用低调来对待名利，才是最明智的选择。

别为名利而迷失生活目标

同为追逐名利，有的追逐是在提高生活质量，有的则是生活的迷失，它的评判标准一个是合适，一个是过度。

《快乐的人生》

生活中，有着众多的名利，促使人拼搏进取的动力是名利，让人获得体面和尊重的是名利，但同时也要知道，让人失去美好生活甚至是自由的也是名利，因此，对于名利不能不持审慎的态度。

从前有一个渔翁在梦中见到了上帝。

上帝问道："你有事要问我吗？"

渔翁说："有，但不知道你是否有时间？"

上帝笑道："我的时间是永恒的。你要问什么？"

渔翁问："你认为人类最烦恼的是什么？"

上帝答道："为名利，他们牺牲自己的健康来换取金钱，然后又牺牲金钱来恢复健康。他们对未来充满忧虑，但却忘记了现在；于是，他们既不生活于现在之中，也不生活于未来之中。他们活着的时候好像从不会死去，但是死去以后又好像从未活过……"

渔翁接着问道："作为神，你有什么生活经验想要告诉现在的人？"

上帝笑着回答道："金钱名利乃身外之物，要想活得轻松，就别将名利记在心中。"

人们要知道，一生中最有价值的不是拥有什么东西，而是拥有健康的心态。与他人攀比是不好的。富有的人并不是拥有最多，而是需要最少。造物主在把那么多美德赋予了人类的同时，也把名利、是非、金钱得失同时嵌入了人的身体。于是这些固有的心病便成了桎梏与羁绊，成了悬崖与深渊，它们将许许多多的人挡在了幸福的大门之外。

虽然世人都知道名利只是身外之物，但却很少有人能躲过名利的诱惑，一生都在追逐名利，甚至为名利而生存。一个人如果不能淡泊名利，就无法保持心灵的纯真，到头来只能得到疲累与无尽的挫折。

世界上著名的科学家爱因斯坦和居里夫人，对大多数人所追求的名声、富贵、奢华都看得非常轻淡，也因此留下了无数的佳话。尽管他们都是国际知名的大科学家，爱因斯坦却说，除了科学之外，没有哪一件事物可以使他过分喜爱，而且他也不过分讨厌哪一件事物。据说在一次旅行中，某艘船的船长为了优待爱因斯坦，特意让出全船最精美的房间等候他，爱因斯坦却拒绝了。他表示自己与他人并无差异，所以不愿意接受这种特别优待。这种坦然率真的品性，令许多人诚心敬佩。

居里夫妇在发现镭之后，世界各地纷纷来信希望了解提炼镭的方法。居里先生平静地说："我们必须在两种决定中选择一种。一种是毫无保留地说明我们的研究成果，包括提炼方法在内。"居里夫人作了一个赞成的手势说："是，当然如此。"居里先生继续说："第二个选择是我们以镭的所有者和发明者自居，但是我们必须先取得提炼铀沥青矿技术的专利执照，并且确定我们在世界各地造镭业上应有的权利。"取得专利代表着他们能因此获得巨额的金钱、舒适的生活，还可以传给子女一大笔遗产。但是居里夫人听后却坚定地说："我们不能这么做。如果这样做，就违背了我们原来从事科学研究的初衷。"她轻而易举地放弃了这垂手可得的名利。如此淡泊名利的人生态度，让人们深切感受到她不平凡的气度。她一生获得各种奖章 16 枚，各种荣誉头衔 117 个，自己却丝毫不以为意。有一天，她的一位朋友来她家做客，忽然看见她的小女儿正在玩弄英国皇家学会刚刚奖给她的一枚金质奖章，连忙问她："居里夫人，那枚奖章是您极高的荣誉，您怎么能给孩子拿去玩呢?"居里夫人笑了笑说："我是想让孩子从小就知道，荣誉就像玩具一样，只能玩玩而已，绝不能永远守着它，否则就将一事无成。"

两位科学大师的非凡气度为拼命追求名利的世人留下了一面明亮的镜子。一个人如果拥有一颗纯真的心灵，在自己应该做的事情之中尽了全力，他的成就自然而然就会显现出来，他理所当然地可以得到应该得到的人世间的荣耀。淡泊名利、无求而自得才是一个人走向成功的起点。

二

修养心性，以平和的心态融入社会
——要让别人特别喜欢你

一个人以什么样的姿态去融入社会，决定着他能否被社会所认同、所接受，进而决定他能否生存于其中，就其关系来讲，人的心性修养的程度决定自己表现未来的姿态，而心性培养的重点在为人谦逊平和且内心强大等方面。

做人不自卑也不要高傲

人们通常所谓的“害羞”，其实都是由于自己的心理因素在作祟。那些自以为害羞的人，其本身的意识里也必有几分羞涩的成份，这种人往往有很深的自卑心理。

《人性的弱点》

水在低洼处或高坡处都不易流动，只有在平面上才易于流动。人在社会中的生活就像水流，自卑与高傲都不利于己，只有平和为人才能受到人们的欢迎。

阿里是人类历史上最伟大的拳击运动员。在他18年的拳击运动生涯中，一共打了61场比赛，创造了56胜5负的惊人纪录，其中有37场是击倒对手。面对阿里的赫赫战绩，人们实在想不出有比“超人”更恰当的词语来称颂他，在一片赞美声中，阿里也曾经有过飘飘然，以为自己真的是不同凡响的超人。

后来有一次，阿里乘坐一架芝加哥飞往阿拉斯加的航班。起飞时，空姐要求每位乘客系好自己的安全带，阿里自恃自己的特殊名望，并没有马上去做。空姐见状，便来到阿里身边，再次要求他系好安全带。阿里有些自负地说：“超人是不需要系安全带的。”这位空姐只是平静地微笑着对阿里说了一句足以让他清醒的话：“超人用坐飞机吗？”

阿里愣了一下，乖乖地系好了自己的安全带，从此不再以超人自居。他知道，一个人无论怎样杰出和卓越，归根到底也只是一个普通人，都绝不是无所不能的超人。

试想，连阿里这样的人物都知道自己不是超人，那么普通人就更应当正确判断自己的能力、学识、特长，从而得到一个清醒的判断，哪些事情适合自己做，哪些事情自己做不了，哪些工作自己会轻而易举地干好，哪些工作自己干起来吃力。以这样平和的心态来对待自己、对待工作，才能拥有快乐的职业和幸福的生活。

玛格丽特在小时候，母亲给她起名为“康多莉扎”，意思是“甜美的弹奏”。于是小玛格丽特立志成为一名钢琴家。但在大学的一次音乐节上，她看到有个11岁的孩子看一眼就能演奏一支曲子，而这支曲子，玛格丽特认为自己要练一年才能弹好。钢琴世界的激烈竞争和严酷现实使她放弃了自己的钢琴梦。她说：“我弹得不错，但不是最好的。实际上，几乎所有的曲子我都能弹，但我永远不能像真正的钢琴家一样弹得那样好。”正是由于对自己有着清醒的认识，玛格丽特才重新选择了人生的道路。虽然她没有成为钢琴家，但她却成为了一位出色的作家，她的作品《飘》誉满全球。

女人如果不性感，就要感性；如果没有感性，就要理性；如果没有理性，就要有自知之明；如果连这个都没有了，她只有不幸了。这个道理对男人而言，何尝又不是如此呢？正如苏格拉底所说的“缺少自知之明的人，只会犯错误”。现实生活中，很多人因为不能正确认识自己，以为自己真是超人、天才或者鹤立鸡群，结果都从飘飘然的睡梦中重重地摔了下来，最后的结局比一个普通人还不如。

威廉·赫谢尔是天王星的发现者，他却认为在太阳光焰万丈的大气之下一定是阴暗凉爽、宜于居住的地方；美国天文学家珀西瓦尔·洛厄尔坚持说他的确看到火星上存在运河；美国化学家罗伯特·黑尔发明了一种能与死者互通信息的装置；德国物理学家魏伯与现代进化论的联合奠基人之一的华莱士都认为可以召回人的灵魂；牛顿曾费尽心机想把铁、铅一类金属变成黄金白银……

众多的大科学家也会犯低级错误。由此可见，人要做到自知之明实在很难。事实上，有这几种方法可以让你准确评价自我：一是与他人做对比，通过与同伴的比较，来正确认识自己的性格、知识、能力等方方面面的情况。二是多听他人的评价，他人的评价比自己的主观评价具有更大的客观性，因此更有助于我们对自己做恰如其分的评价。三是实践，是骡子是马拉出来遛遛，自己是否具有某方面的才能，不妨寻找机会去实践，通过自己成功或失败的经验教训来发现自己的长处和短处。

当然，最重要的还是要有一颗平常心，拥有平常心的人并不会掩饰自己的缺点，相反他们会把一个真实的自我摆在周围人眼前，希望周围人能给他们挑出不足和欠缺的地方，他们懂得要时时自我反省。换句话说，就是能把自己看得很清楚，并不断地进行自我审查，诚恳无私地了解自己。

一个学校在招聘教师的时候，问应聘者："你为什么选择教师这个职业?"一个女生说："我小时候曾立志长大后要做伟人，念中学时，我觉得做伟人太难了，便将志向改为做伟人的妻子。但现在，我知道我能做伟人妻子的机会实在渺茫，所以又改变了主意，争取做一个优秀的教师。"她这番真诚的话得到了评委的一致认可，当场被录取了。

我们大多数人与这位女生一样，都是平平常常、普普通通的人，所以也应该像这位女生学习，具有自知之明，放弃不切实际的幻想，用平常人的心态来做好平凡的工作。当不了将军就成为一个团长或连长，当不了连长就当一个士兵，只要有自知之明，知道自己适合干什么，就能在自己的位置上干出不平凡的业绩。

烦恼都是自找的

我是人人皆知的"维吉尼亚烦恼大王"，因为我只学会烦恼这一项不良习惯。

《快乐的人生》

制造了不幸对自己来说已经是一件悲哀的事了，如果制造了不幸的人还不赶快把不幸丢掉，而是保留在心中的话，真可以说是一件不幸之极的事。

里根·史密斯说过这样一段话，言简意赅，他说：“人生应该有两个目标，第一，是得到自己所想的东西；第二，是充分享受它。只有智者才能做到第二步。”

有一个心理学家做了一个有意思的实验：他要求一群实验者在周末的晚上把未来7天会让自己担忧的事情都写下来，然后投入一个大型的烦恼箱中。第三周的星期日，他在实验者面前打开这个箱子，与成员逐一核对每项烦恼，结果发现其中90%的担忧并没有真正发生。

接着，他又要大家把那些真正发生的10%的烦恼重新丢入纸箱中。等过了三周，再来寻找解决之道。结果到了那一天，他开箱后，发现剩下的10%的烦恼已经不再是那些实验者的烦恼了。因为他们有能力对付。

由此可见，烦恼是自找的，这就是所谓的自找麻烦。据统计，一般人的忧虑有40%属于过去，有50%属于未来，而92%的忧虑从未发生过，而剩下的8%是能够轻易应付的。

每个人都有七情六欲和喜怒哀乐，烦恼也是人之常情，是人人避免不了的。但是，由于每个人对待烦恼的态度不同，所以烦恼对人的影响也不同。通常人们所说的乐天派与多愁善感型就是显然的区别。乐天派的人一般很少自找烦恼，而且善于淡化烦恼，所以活得轻松，活得潇洒；而多愁善感的人喜欢自找烦恼，一旦有了烦恼，便忧愁万千，牵肠挂肚，离不开，扔不掉，活得有些窝囊。

其实，人生的大多数烦恼都是自找的，本来就没有烦恼，或者说原本就不是烦恼。例如，当了几年处长之后就想当局长，结果提了一个资历比自己差很多的人上去了，你肯定不高兴，其实你所处的位置不知有多少人羡慕着，再说局长有局长的烦恼，而且局长的烦恼未必少。还有的人为钱而烦恼，有了一万想两万，有了两万想三万……还是烦恼，可惜你除了想过钱多有钱多的得意，有没有想过钱多有钱多的烦恼，钱少的或许没有钱多的那么神气，但钱少的也没有钱多的那么多担忧，平民小户没有大富人家对盗贼绑架的担心，恐怕也少有为争夺家产使兄弟反目甚至相残的悲哀。

美国心理治疗专家比尔·利特尔经过研究认为，一个人若有以下心理或做法，必定会促使其自寻烦恼、无事生非：

1. 把别人的问题揽到自己身上。如果你把别人的问题揽到自己身上而自怨自艾，把某些人不喜欢你的责任也统统归因于自己，那么要不多久，你就会烦恼成疾。

2. 做不可能实现的梦。最可怜的人是那些惯于抱有不切实际的希望的人。如果一个人把自己的目标制定得高不可攀，他就会因为不能实现目标而烦恼。

3. 盯着消极面。牢牢记住你有多少次受到不公正的待遇，或者记着有多少次别人对你说话的态度不友善，如果你把注意力集中在那些不好的、吃亏的事情上，你就会运用这种消极的思想方法来给自己制造烦恼。

4. 制造隔阂。绝不去赞扬别人，而且对人不使用任何鼓励之辞，总是喋喋不休地批评、挑刺、埋怨，小题大作。这是制造隔阂、自寻烦恼的妙法。

5. 滚雪球式地扩大事态。当问题第一次出现时就正视它，它就很容易化为乌有。反之，如果让问题像滚雪球一样不断地扩大下去，最后滚雪球的人总是遵照一条简单的规则行事：如果错过了解决问题的时机，索性再往后拖拖。这样，只会使问题变得更糟。

6. 以殉难者自居。母亲们过度地承担家务劳动，然后对自己说："没有一个人真正心疼我，对我们家来说，我不过是个仆人而已。"当父亲的也采取同样的态度："我的骨架都累散了，谁也不把我当回事，大家都在利用我。"经常这样想，必定会使你烦恼异常，而且还能使周围的人感到讨厌。

不论你是高官还是平民，不论你是富豪还是穷人，不论你是社会名流还是无名之辈，恐怕谁也超越不了"有得必有失的"辩证逻辑。即使你不自找烦恼，但还是少不了烦恼，因为人是现实的，不是超脱凡俗的圣人，既然这样，我们就要学会善于淡化烦恼，化解烦恼。

那么，如何才能淡化和化解烦恼呢？你可以试试以下方法：

1. 比较的观点。比如发生了重大的车祸，死伤多人，皆为不幸。未伤者受惊，轻伤者轻痛，重伤者重痛，死亡者惨痛，由前往后比，虽是不幸，但又是大幸；从后往前比，则是不幸中的大幸。

2. 时间的观点。遇到烦恼之事，倘若你主动从时间的角度来考虑一下，心中对此烦恼之事的感受程度可能就会大大减轻。受了上级的当众批评，面子很过不去，心里难以承受，不妨设想一下，三天后、一星期后甚至一个月后，谁还会把这件事当回事，何不提前享用这时间的益处呢？

3. 现实的观点。就是勇于承认现实，坦然面对现实，对任何既成事实的过失以及灾祸，不必为之过多地后悔和烦恼，也不必因此而不休地责备自己或他人，而应把思想和精力放在努力弥补过失，最大可能地减少损失方面，否则过多的后悔、不休的责备，不仅于事无补，而且还会扩大事端，增加烦恼。

4. 换位的观点。旁观者清，当局者迷，就烦恼之事来说也是如此。置身于烦恼之中的人，往往执著一点，甚至钻“牛角尖”，千丝万缕难找头绪，甚至自己无法控制自己，此时，置于局外旁观者的劝导，往往可以起到指点迷津、淡化烦恼的作用。如果你正处于烦恼之中，你不妨做一下自己的旁观者。

除此之外，还要知足常乐。如果你对自己要求过高，总不知足，当然很难感到愉快并会增添很多烦恼。

请记住一句话：烦恼就像天空上的一片乌云，如果你的心中是一片晴空，那么烦恼不会对你有丝毫影响。

要培养一种成熟稳重的心态

你必须培养积极心态，以使你的生命按照你的意思提供报酬，没有了积极心态就无缘成就什么大事。

《人性的弱点》

一个人如果没有一个成熟稳重的心态，即使他有着骄人的才能，也不会与社会有很好的融和，相反，一个心态平和稳重的人更能被社会所认同。

保持稳重成熟的心态，才能够得到别人的信任，才能够在成功的道路上走得更远。

如果没有成熟稳重的心态，在面对一些事情的时候，就不能够平和地去面对。

有一次，美孚石油公司要招聘一批基层管理人员。招聘采取先笔试，后由总裁亲自面试的方法，计划招聘 10 人，报考的却有上千人，竞争很激烈。在笔试与面试之后，公司选出了 10 位佼佼者。

公司总裁看过名单后，却发现有一位在面试时给他留下深刻印象的年轻人的名字没有在名单里面。

于是，总裁马上叫人复查考试情况。结果发现这位年轻人的综合成绩其实名列第二，但是由于工作人员统计失误，分数和名次排错了，结果这位年轻人落选了。总裁立即要求给他补发录取通知书。

然而，第二天，有人告诉总裁一个惊人的消息：这位年轻人因为没有被录取而跳楼自杀了。录取通知书送到时，他已经死了。听到这一消息，总裁沉默了好久。他的一位助手在旁自言自语道："多可惜，这样一位有才华的年轻人，我们没有录取他。"

“不!”总裁叹口气说，“幸亏我们公司没有录用他，这样的人是干不成大事的。”

没有成熟稳重心态的人，最终会被生活所抛弃；而心态平和稳重的人，不会在任何困难面前说放弃。

很久以前，一位日本青年进了一家大公司，做了一个小职员，在平常的工作中他发现公司存在着许多问题，便不断给上层管理者写信，并提出自己的建议。然而，他的信如石沉大海，没有一点儿回音。可他并没有放弃，只要发现问题，他照样写信，照样提出自己的建议……十年后的一天，他终于得到了回报，他被派到一个分公司任经理，他工作非常出色，后来他当了这家大公司的总经理，而这家大公司就是世界著名的佳能公司。

能力再强、际遇再佳的人也不可能一辈子一帆风顺的，如果你是为人作嫁衣，便总会有坐冷板凳、不受到重用的可能。如果面临困难的时候，用一种成熟稳重的心态来对待，那你就会离成功越来越近。

保持谦逊是赢得别人尊敬的重要原因

谦逊即是宁静，它使我们不致受往日失败的拖累，也不致于使我们因今日的成功而嚣张。

《人性的优点》

做人到底应当怎样做，才算是到位呢？这并不是一个好回答的问题。不过有一点可以确定的是，做人要保持谦逊，不能自作聪明，不要以为自己比别人总多一点智慧。巴甫洛夫说：“绝不要骄傲。因为一骄傲，你们就会在应该同意的场合固执起来；因为一骄傲，你们就会拒绝别人的忠告和友谊的帮助；因为一骄傲，你们就会丧失客观方面的准绳。”

谦逊的目的，并不使我们觉得自己的渺小，而是为了更好地了解自己。在我们身边，那些成功的人都是谦逊的人，他们能给自己一个准确的定位。

托马斯·杰斐逊是美国第3任总统。1785年他曾担任美国驻法大使。一天他去法国外长的公寓拜访。

“您代替了富兰克林先生?”法国外长问。

“是接替他，没有人能够代替得了富兰克林先生。”杰斐逊谦逊地回答说。

杰斐逊的谦逊给法国外长留下了深刻印象。

在第二次世界大战中，丘吉尔因为有卓越功勋，战后在他退位时，英国国会打算通过提案塑造一尊他的铜像放在公园里供游人景仰。

一般人享此殊荣，高兴还来不及，丘吉尔却一口拒绝了。他说：“多谢大家的好意，我怕鸟儿在我的铜像上拉粪，那是多么得有煞风景啊。所以我看还是算了吧!”

19世纪60年代，法朗士等一批法国文学青年，决定创办一个文学刊物，他们写信给大文豪维克多·雨果，请求他写一封回信作为该刊的序言。雨果几天后回了信，青年们打开一看，里面写着：“年轻人：我是过去，你们是未来。我是一片树叶，你们是森林。我是一枝蜡烛，你们是万道霞光。我只是一头牛，你们是朝拜耶稣的三博士。我只是一道小溪，你们是汪洋大海……”看了回信，他们简直不敢相信这是雨果写的。后经雨果女友朱丽叶特证实确是出自雨果之手，然而，他们担心此信会影响雨果的名誉没敢发表。

其实，这封信恰恰是雨果谦虚品质的生动体现，它不仅无损诗人的名誉，却从另一侧面反映了作家伟大和高尚的品质。

正如高尔基所说：“智慧是宝石，如果用谦逊镶边，就会更灿烂夺目。”杰斐逊、丘吉尔、雨果堪称谦逊的典范，从他们的经历可知，谦逊并非自我否定，它是自我肯定，信任我们为人的正直与尊严。谦逊具有平衡作用，不让我们超于自己，也不让我们劣于自己；也不是让我们高人一等或屈居人下。谦逊即是宁静，使我们不致受往日失败的拖累，也不致因今日的成功而嚣张。

平平淡淡才是生活的佳境

平淡的生活就像是一杯茶，只有经过浸泡、品尝，你才能体味到它的芳香，如果你有时感到它很乏味，那不是茶不香，是因为你的品茶功夫还不到位。

《人性的优点》

可以肯定地说，只有那些想达到自己不可告人的目的的人，才愿意看到生活的波澜四起、起伏跌宕，多数人渴望生活的宁静，即平平淡淡。

生活中追求平淡，并不意味着无所作为，而是凡事顺其自然。人生的得失只在弹指一挥间，一切外界的繁华背后都是说不出的寂寞，一切外界的丰富身边无不隐藏着精神的枯竭。人与人之间的恩怨可以一笑而化解，得志时不骄奢，失意时不气馁。我们的手里有明媚的春光，脚下有金色的沙滩，头上有蔚蓝的天空，心中有壮阔的海洋，让我们远离喧嚣，靠近自然，以一颗平常心闲看云舒云卷，花开花落。

人生一世，即便能够轰轰烈烈，也不会持久，平淡才是最后的归宿。没有大风大浪的人生，就应该安于平淡的生活，在平淡的生活中快乐充实就是精彩的人生。平淡就是把生活中的名利参透看淡，不让那些不切实际的欲望左右自己，这样的平淡绝不是平庸而是一种平和的心态，所有的一切都在平淡之中变得真切。我们的生活不是戏剧，不需要那么多曲折的情节，不需要那么多耀眼的灯光，不需要那么多美言佳句。我们的生活是一泓清溪，虽有微澜，但更多的是安详宁静，在无声无息中不断地更新，不断地醇厚。

平平淡淡才是真，这就是我们的生活。正如罗素所说："人生当如河流，初期狭窄，与两岸挟持间奔腾而下，继而河岸渐宽，河水渐缓，最终悄然流入大海。"一个人最大的乐趣来自于平淡的家庭生活，真正的人间温情来自于平淡的人生。

有一对平凡的老夫妻，每天清晨都会牵着手到公园散步，老人的恩爱总是让一旁的年轻人羡慕不已，人们都认为两位老人一定是共同经历过轰轰烈烈的大事，所以才能相濡以沫地走到今天，但是老人告诉大家：他们的一生都在平淡之中度过，老大爷年轻时是个军人，妻子没有因为他的升迁而兴奋轻狂，因为她明白这是丈夫努力的结果。结束 26 年的军旅生涯，夫妻二人回到故乡在事业单位做了普通的职员。在人生的转折点上，夫妻二人没有一句怨言，淡然平和地走上了新的工作岗位。

老太太还说，自己能够安于平淡的生活得益于童年受到的教育。童年的时候，她的父亲非常慈爱，从来不会对她瞪眼睛，还常常给她讲故事。母亲对她更是疼爱有加，与父亲也十分恩爱，对爷爷奶奶更是非常孝敬。父母都勤劳善良、热情诚恳，家庭和睦、欢乐温馨，这美好幸福的童年、良好的家庭氛围也影响了她的婚姻，她像所有母亲一样爱着自己的孩子，像所有爱丈夫的妻子一样爱着自己的爱人，对公婆也十分孝敬尊重。一代代人就这样在平淡的生活中承载着美德，这种平淡的生活其实就是芸芸众生所追求的。

老太太感慨地说："平平淡淡才是真。几十年的婚姻生活使我学会了看淡生活中的一切，学会了知足常乐。精神上的知足需要自己去调节，物质上的知足是家庭幸福的前提。金钱买不到快乐、青春、健康与经验，而这些才是人生最宝贵的，我从不苛求爱人物质上的丰厚、官位上的腾达，只要努力了就是我心中的好男人。对儿子也一样，只要付出了，取得什么样的成绩我都接受。我一直追求平淡的生活，让自己的心归于宁静，我喜欢平淡的生活。"

平平淡淡才是真，每个人都会在经历了激情、幻想、浪漫之后，认真地思考感受"平平淡淡才是真"这一生活哲理。时间容易让人淡忘，在大家都忙于工作、忙于家庭时，当年的热情早已消失殆尽，昔日的友情依然纯洁，当年的面孔依然亮丽，只是这些青春的影子都已经留在了心底，美好的回忆都留在了心间。相聚时的感动与激动是短暂的，过后依然是平淡的生活。

以平淡的态度对待生活中的繁华与诱惑，让自己的灵魂安然入梦。安于平淡的人，不仅自己过得轻松，也会让人觉得犹如湖泊般宁静。我们只需尽力而为，便已经是做了我们应该做的。平平淡淡，会有一片豁达的天空。人生一世，无论孤独，无论喧闹，都如小河流水般自然，从来的地方来，到去的地方去。明白了平平淡淡、从从容容的道理就会减少许多自寻的烦恼，就会活得潇洒快乐，就能在平淡中充实自己的人生。

人生在世，应该把平淡作为目标，以平淡对待名利，平淡地工作与生活，用平淡的心态谱写人生的乐章。幸福的生活就像白开水，只有懂得生活的人才能品味出其中的甘甜。过多的浪漫与激情，往往让人感到疲惫，要知道，“平平淡淡才是真，安安乐乐才是福。”

无论我们是什么样的人，都要在生活中找到自己的准确定位。珍视生命，爱惜生命，热爱生命。无论艳阳高照，还是狂风骤雨，都让我们在从容淡定中坦然面对，过好生命中的每一天！

放低身价，把自己当成普通人

我们的有些荣誉是人们对于我们有益工作的奖赏，尽管这是我们应该做的，然而领导也好，同事也好，对我们的工作却给予了绝对的肯定，对此，任何承受荣誉者都没有理由由此把自己看成是不同于一般的人。

《人性的优点》

伟大的西班牙画家毕加索死的时候是 91 岁。在 90 岁高龄时，他拿起颜色和画笔开始画一幅新的画时，对世界上的事物好像还是第一次看到一样。年轻人总是在探索解决新问题的方法。他们热心于试验，欢迎新鲜事物。他们不安于现状，朝气蓬勃，从不满足。老年人总是怕变化，他们知道自己什么最拿手，宁愿把过去的成功之道如法炮制，也不冒失败的风险。毕加索90岁时，仍然像年轻人一样生活着。不安于现状，寻找新的思路和用新的表现手法来运用他的艺术材料。

大多数画家在创造了一种适合于自己的绘画风格后，就不再改变了，特别是当他们的作品受到人们的欣赏时，更是这样。随着艺术家的年岁增长，他们的绘画虽然也在变，可是变化不会很大了。而毕加索却像一位终生没有找到他的特殊艺术风格的画家，千方百计寻找完美的手法来表达他那不平静的心灵。

毕加索作画，不仅仅用眼睛，而且用思想。毕加索的画，有些色彩丰富、柔和、非常美丽，有些用黑色勾画出鲜明的轮廓，显得难看、凶狠、古怪，但是这些画启发我们的想象力，使我们对世界的看法更深刻。面对这些画，我们不禁要问，毕加索看到了什么，使他画出这样的画来？我们开始观察在这些画的背后究竟隐藏着什么。

毕加索一生创作了成千上万种风格不同的画，有时他画事物的本来面貌，有时他似乎把所画的事物掰成一块块的，并把碎片向你脸上扔来。他要求着一种权力，不仅把眼睛所能看到的东西表现出来，而且把我们的思想所感受到的也表现出来。他一生始终抱着对世界十分好奇的心情，就像年轻时一样。

假如你喜欢欣赏画，不妨找些毕加索的画册，看看从他的画中你能得到什么启示。

果戈理写作以勤奋著称。他坚持每天练习写作，他说：“一个作家，应该像画家一样，经常随身带着笔和纸张。一位画家如果虚度了一天，没有画成一张画稿，那是很不好的。一个作家，如果虚度了一天，没有记下一条思想也不好……必须每天写作。如果一天没有写，怎么办呢？没关系，拿起笔来，写上‘今天不知为什么我没写’，把这句话一遍一遍地写下去，等你写得厌烦了，你就要写作了。”

正是由了这种一天也不肯虚度，不断进取的精神，果戈理才完成了一部部传世之作，成了世界上伟大的文学家。

1673年2月的一天，法国著名喜剧作家莫里哀患着严重的肺病，又受了风寒，身体十分虚弱。但他还是不顾亲人和朋友的劝阻，以顽强的毅力克服身体上的巨大痛苦，毅然参加了自己的新作《无病呻吟》的演出，并出演男主角。莫里哀全神贯注地投入了角色的塑造，由于咳嗽，震破了喉管，他的生命结束在了舞台上。

英国化学家、物理学家道尔顿从十七八岁开始科研生涯，从此终生不离开试验室。他对气象、物理和化学三门学科都做出了很大贡献。在1844年他在试验室去世前的几个小时，还像往常一样记录下了当天的气象数据。

300多年前发明显微镜的荷兰著名生物学家列文·胡克，晚年更加拼命地工作，他用自己制造的显微镜，夜以继日地观察动、植物细胞，并详细记述观察结果。他的研究成果公布后，向世人展示了一个崭新的微观世界，在全世界引起了轰动。

在一次专为爱因斯坦举办的宴会上，有人向他说了一大堆赞美的话，他说："如果我相信你们说的好话都是真的，那我就是一个疯子。正因为我不是疯子，所以才不相信。"

1925年，以色列提请爱因斯坦做总统候选人，他对前来的大使说："关于自然我了解一点，关于人，我几乎一点也不了解。我这样的人，怎么能担任总统呢？"大使说："每个以色列公民，全世界每个犹太人都在期待您呢！"爱因斯坦说："那我怎么办呢？我要使他们失望的。"事后，他干脆在报上发表声明，正式谢绝。

爱因斯坦在科学上的贡献是举世无双的。1905年的三篇论文，每一篇都应得到一份诺贝尔奖金，更不用说广义相对论。而且这些成果都毫无争议是他独立完成的。可是爱因斯坦却说："狭义相对论的起源要归功于麦克斯韦电磁方程……"

爱因斯坦取得成绩越大，受到称誉越多，越感到无知，他把自己所学的知识比作一个圆，圆越大，它与外界空白的接触面也就越大。科学无止境，奋斗无止境，人类社会就是在不满足已有的成功中不断进步的。

爱因斯坦说："如果有谁自己标榜为真理和知识的裁判官，他就会被神的笑声所覆灭。"即使你已经取得了很大的成功，也决不能自满，千万不要生活在过去的荣耀之中。

爱因斯坦接受了普林斯顿大学的聘书后，第一天被带去看自己的办公室时，行政助理问他需要什么设备。

他回答："一张桌子、一把椅子、纸和粉笔。哦！对了，还要一个大的纸篓，越大越好，因为这样我才能把我所有的错误丢进去。"

上面列举的成功者，都是生命不息、奋斗不止的进取者。如果他们浅尝辄止，或满足于已经取得的成绩，那么莫里哀即使写出一两部成功的作品，也不会给世人留下这么深刻的印象；道尔顿即使在某些学科有所建树，也不会在气象、物理和化学三门学科都做出这么大贡献；列文·胡克即使发明显微镜，也发现不了使他永垂青史的生物细胞。可见，在不断奋斗和进取中才能实现人生的真正的价值。

绝不生活在过去的荣耀之中，也许会给人以"不会享受生活"的印象，但却能够不断进取，迈向更好的山峰，取得更大的成就。

理性地认识自己

自卑、忧虑不足取，但高傲、自大更是缺乏理性，文明社会更愿意接受具有平常心性的人。

《思想的光辉》

人性之于成就，善者谦虚谨行，永远看到自己的不足之处，这就为将来的"更上一层楼"打下了夯实的基础。对于这些人来说，他们往往都有一种积极的心态，这种积极的心态就是归零心态。

什么是归零心态呢？就是无论你现在是底层员工，还是公司老板，永远把自己放在一个很低的位置上，一切从零开始，永不满足自己的现状，从头再来。

查尔斯是美国西部的一所著名商学院的学生，而且是学院里高等生。不过，在工作实践中，他的表现却不怎么样，首先，他的工作让他十分郁闷。他觉得，他所从事的工作和当初的想像差别太大了，这不是他希望的工作，他要寻求改变。

于是，他找到所在单位经理反映说：“经理，我感到这份工作和我当初的想法有些差距，这不是我希望的工作，我要辞职。”周一的早晨，查尔斯把自己的辞职信放在了总经理的办公桌上，一脸的沉重。

“哦？你当初怎么想的，现在又是在做些什么呢？”总经理说。

“我觉得我的能力可以承担更大的责任，而不仅仅是这些琐碎的日常工作。”查尔斯说。

“嗯，不错，小伙子。很有志向，但你应该正视你的不足，我来告诉你，昨天你给我的市场研究报告，总共有十二处错误，很多错误都是致命的。你知道这些错误是什么吗？”总经理问查尔斯。

“怎么可能？那可是我费了很大力气完成的！”查尔斯说。

“查尔斯，你现在的错误，可以由我来给你修改，如果我有错误的话，就会直接给公司带来损失。你知道咱俩换换职位会有什么结果吗？一个人手中的小事情都做不好，怎能去承担更大的责任？查尔斯，我明白你的想法。你在大学校园里是个令人羡慕的高材生，风光无限，但到了公用，你就是一个新兵，是一个普普通通的员工，你的能力只能还要经过实践的检验。到了一个新的环境，你就需要有新的心态。初入职场，你必须忘掉校园里的表现，无论是优秀的，还是糟糕的。把你的心态归零，是你顺利工作的第一步。你的辞职信暂时放在我这里，如果你在明天上午之前，还是坚持你的想法的话，我可以答应你的要求。”总经理说。

看到经理改过的自己做的市场研究报告后，他说：“经理，对不起。我想我应该收回我的辞职信。”查尔斯说。

很多的研究生、博士生，像查尔斯一样“出身名门”，在大学里也是有口皆碑的好学生，但是到企业里面却吃不开，甚至找不到工作。因为这些人毕业后没有把自己的姿态放低，没有将自己调整“归零”，不能接受从底层认认真真做事情的发展方式，总是以为自己就应该获得重用，可事实上他们还差得很远。

如果你也遇到了这样的问题，请不要忙着抱怨你的老板对你的才能视而不见，而要把自己的心态归零，从小事做起，总会有一天，你的老板会说你既有才华又值得信赖，并委以重任。

很多老员工，他们在公司拼搏了很多年，帮助企业取得了发展，有的人还是企业的“开国元勋”。但是企业发展好了，这些人反倒满足于现状，抱着“吃老本”的心态混在公司，稍有不如意，就摆出老资格的姿态发脾气，增加了企业管理上的难度，变相增加了管理成本。结果企业不是越做越好，反而越做越差。还有一些精英，有着多年的行业经验、出众的个人能力、卓越的业绩以及良好的业界口碑，被企业挖去做经理人。但是他们之中很多人不适应新环境，“临场”发挥失常，最后抱憾离去，这不过是因为他们过于看中“过去”，把“过去”变成了包袱。这些人没有很好地认识自己，所以他们只能取得暂时的成功，却无法将小的成功变成大的成就，不能让自己从优秀走向卓越。

要知道，平和的心态，才更利于自己更好地前进，取得更大的成功。特别是心态的每次归零都将是一个自我完善的过程，一个自我提高的机会。

如何做到平和心态呢？很简单，把每一天都当作崭新的开始，把自己的姿态放到最低，坚持不懈地改善。永远不要去想你已经有多好，而是要将眼光紧盯你下一阶段的更大的目标。永远不要去想别人有哪些缺点，而应去想自己还有哪些不足。

商业环境日新月异，当别人都在拼命进步的时候，你还在“原地踏步”的话，等于把机遇拱手让给了别人。如何让成功从一句空话变成现实？平和心态，才能不断创下新高。

将不公正的待遇当做对你的恭维如果你被别人踢了，或者是被别人恶意批评了，请记住，他们之所以这样做，是因为他们从中可以获得一种自以为重要的感觉；而这通常也意味着你已经有所成就，并且值得别人的注意或嫉妒。因此，这种批评对你来说没什么不好。

1929年，美国发生了一件震惊教育界的大事，美国各地的学者都赶往芝加哥参加盛会。几年前，一个名叫罗伯特·霍金斯的年轻人，半工半读从耶鲁大学毕业，他当过服务生、伐木工人、家庭教师和成衣推销员。现在，仅仅8年之后，他就被任命为美国第四大名校——芝加哥大学的校长。他多大了？30岁！难以置信！老一辈教育人士都大加反对，批评就像山崩石落一样打在这位“神童”头上，说他这样或那样：太年轻了，经验不足。甚至说他的教育观念荒谬，连各大报纸也参与了对他的攻击。

在就任的那一天，有一个朋友对霍金斯的父亲说：“我今天早上看见报纸社论攻击你的儿子，真把我吓坏了。”

“不错，”老霍金斯回答说，“攻击得很厉害。可是请记住，从来没有人会踢一只死狗。”

是的，一只狗越狂暴，踢它的人就越可以获得满足感。后来成为英王爱德华八世的威尔士王子，他也有过这种遭遇。

王子曾就读于德文郡的达特芋斯学院——这个学院相当于美国安那波利斯的海军学院，那时王子只有14岁。一天，一位海军军官发现他在哭，就问他出了什么事。他开始不肯说，但最后终于说了真话：他被一位海军幼校生踢了一脚。指挥官把所有的学生都召集起来，向他们解释王子并没有告状，但是他想弄清楚为什么有人如此粗暴地对待王子。

大家相互推诿了半天，踢人者终于承认说：如果他们自己将来成了皇家海军的指挥官或舰长，他们希望能够告诉别人，他们曾踢过国王。

所以，如果你被别人踢了，或者遭到了批评，请记住，因为这样做可以给踢人者一种自重感，这通常意味着你拥有让别人关注或敬重的地方，并且值得注意。有许多人会从批评比他们学历高或更成功的人中获得某种满足感。例如，在我写这部分内容的时候，就接到一个女人的来信，痛骂创建了救世军的威廉·布慈将军。因为我曾在广播中赞扬过布慈将军，所以这个女人给我写信，说布慈将军侵占了他募集用来救济穷人的800万美元。尽管这种指责非常荒谬，可是这个女人并不想要真相，她只是想击垮一个比她高贵的人，以此获得满足。我把她那封充满怨恨的信扔进了废纸篓，同时感谢上帝：好在我没有娶她。她那封信并未告诉我布慈将军是什么样的人，可是却让我对她有了更多的了解。

很少有人认为耶鲁大学的校长是一个庸俗之辈，但耶鲁大学前校长提摩太·杜威特却显然以贬低某位美国总统候选人为乐。这位耶鲁大学校长警告说，如果这个人当选总统的话，“我们就会看见我们的妻子和女儿成为合法卖淫的牺牲品。我们就会大受羞辱，受到严重伤害，我们的自尊和道德都会消失殆尽，人神共愤”。

这些话听上去是在骂希特勒，对不对？但并不是，而是在骂托马斯·杰弗逊！哪个托马斯·杰弗逊？肯定不是那位不朽的托马斯·杰弗逊吧？是那个起草《独立宣言》、代表民主政体的人物吗？不错，正是这个人。

你是否想过哪一个美国人曾经被骂为“伪君子”、“大骗子”、“只比谋杀犯好一点”呢？但的确有家报纸的漫画画着他站在断头台上，一把大刀正准备砍下他的头；在他骑马从街上走过的时候，一大群人围住他又叫又骂。他是谁呢？乔治·华盛顿。

这些都是很久以前的事了。也许从那以后，人性已经有所改进。就让我们拿震惊全球的探险家佩瑞海军上将做例子。

佩瑞将军于1909年4月6日乘雪橇到达北极——几百年来，无数勇士为了实现这个目标而挨饿受冻，甚至送命。佩瑞也几乎死于饥寒交迫，他的8个脚趾因为冻伤而不得不切除，他在路上所碰到的各种灾难，都使他担心自己会发疯。但是，华盛顿的那些高级海军官员却因为佩瑞大受欢迎和重视而嫉妒他。于是他们诬告他，说他假借科学探险的名义敛财，然后“无所事事地去北极逍遥”。而且他们可能真的相信，因为人们几乎不可能不相信他们想相信的事情。他们想羞辱和阻挠佩瑞的决心如此强烈，以至于最后必须由麦金利总统直接下令，佩瑞才能在北极继续他的研究工作。

如果佩瑞只坐在华盛顿的海军总部工作，他会遭到批评吗，不会，那样他就不会变得如此重要，以致引起别人的嫉妒了。不过，格兰特将军的经历比佩瑞上将更糟。

1862 年，格兰特将军赢得了北军第一次决定性的胜利，这使得他立即成为全国的偶像，甚至在遥远的欧洲也引起了强烈的反响。这场胜利，使得从缅因州一直到密西西比河岸，大家都敲钟点火，以示庆贺。但是在这次伟大胜利的 6 个星期之后，这位北方的英雄却被逮捕，兵权也被剥夺，使他失望地哭了。

为什么格兰特将军会在胜利之巅被捕呢？绝大部分原因是他引起了那些傲慢的上级对他的嫉妒与羡慕。

三

淡化恩怨，让自己生活在没有敌人的世界里

——和解，让你静享天赐安眠

在一个人的一生中，难免会与人结怨，将这些怨恨长期记在心里，以期寻机报复，还是将其淡化在自己的记忆里，体现出一个人的胸襟或博大或狭隘。英国诗人白朗宁说：“宽恕为美，淡化为佳。”无疑，一个成功的人生不能没有一个博大的胸怀。

对于心灵来说，忘却比铭记要轻松得多

忘记是丢掉和休息，铭记是包袱和劳作，只有傻子才愿意选择后者。

《智慧的锦囊》

乔治·罗纳在维也纳当了多年律师，但在二战期间，他逃到瑞典，一文不名，很需要找份工作，因为他能说并能写好几国语言，所以希望能够在一家进出口公司里谋一份秘书工作。绝大多数公司都回信告诉他，因为正在打仗，不需要这一类人才，不过他们会把他的名字存在档案里。惟有一家公司在给乔治·罗纳的回信中写道："你对我生意的了解完全错误，你既错又笨，我根本不需要任何替我写信的秘书。即使我需要，也不会请你，因为你甚至连瑞典文也写不好，信里全是错误。"

当乔治·罗纳看到这封信时，简直气得发疯。于是乔治·罗纳也写了一封信，目的是想使那个人大发脾气，但接着他就停下来对自己说："我怎么知道这个人说的对不对呢？我虽然修过瑞典文，可并不是我家乡的语言，也许我确实犯了很多我并不知道的错误。如果是这样的话，那么我想得到一份工作，应该必须不断努力学习。这个人可能帮了我一个大忙，虽然他本意并非如此。他用这种难听的话来表达他的意见，并不表示他就亏欠我，所以我应该写封信给他，在信里感谢他一番。"

于是，乔治·罗纳撕掉了他刚刚已经写好的那封骂人的信，另外又写了一封信："首先感谢你这样不嫌麻烦地写信给我，尤其是你并不需要一个替你写信的秘书。对于我把贵公司的业务弄错的事我觉得非常抱歉。我之所以写信给你，是因为我向别人打听，而别人把你介绍给我，说你是这一行的领导人物。我并不知道我的信上有很多文法上的错误，我觉得很惭愧，也很难过。我现在打算更努力地去学习瑞典文，以改正我的错误，谢谢你帮助我走上改进之路。”

没几天，乔治·罗纳就收到了那个人的回信，信中邀请乔治·罗纳去看他。罗纳去了，而且得到了一份工作。乔治·罗纳由此发现“原谅伤害自己的人也是避免自己受到更深的伤害，或许还能得到别人的帮助，助你走上成功”。

我们也许不能像圣人般去爱我们的仇人，可是为了我们自己的健康和快乐，我们至少要原谅他们，忘记他们，这样做实在是很聪明的事。美国前纽约州州长威廉·盖洛被一份内幕小报攻击得体无完肤后，又被一个疯子打了一枪几乎丧命，当他躺在医院为生命挣扎的时候，他还是微笑地对所有来探望他的人说，“每天晚上我都原谅所有的事情和每一个人，第二天当太阳升起的时候，我照样以快乐愉悦的心态迎接新一轮的太阳。不要因为你的敌人或对手而燃烧起一把怒火，热得烧伤你自己。”

圣经上说：“怀着爱心吃青菜，也会比怀着怨恨吃牛肉好得多。”就连德国伟大的“悲观论”哲学家叔本华即使说生命是一种毫无价值而又痛苦的冒险，可是在他绝望的时候，他还是说“如果可能的话，不应该对任何人有怨恨的心理”。

不要因为别人对你造成的伤害或者别人忘恩负义而不开心，人活在这个社会，就应该以平和的心态潇潇洒洒地为自己活着。让我们永远不要去试图报复我们的仇人，因为如果那样做的话，我们只会深深地伤害了自己。

要体味快乐就要清扫心灵的阴霾

受人恩惠的当时，没有不心存感激的，而且所受恩惠越大，感激越深！可是，事过境迁后，却很少有人想报答，世上多的是所谓“忘恩之徒”。

《思想的光辉》

按照经验来看，心态浮躁、情绪激进的人容易与人结成恩怨，而一旦恩怨积成又不容易放下，而这种积怨又极易由对个人的愤怒转为对周围的人甚至社会的不满，这种情绪不利于己也不利于人，是需要修正的。

如果对方伤害了自己，自己心里对其产生愤恨是一种人之常情，但如果长期地铭记对方的恩怨则不明智，也没必要。

两个朋友不断吵架，吵到最后都不愿见对方，原本是很好的朋友，却因经常的争执而成仇家不是一件令人遗憾的事吗？

曾听到朋友讲述了这样一个故事：有一个妇人，平时温文有礼，也很懂持家，常常一大早就在家门口洗衣服，但她有一个不定时精神病发作的毛病。

她可以黄昏时拿着菜刀、棍子在家门口破口大骂，也可以一大早就如此。刚开始，人们以为那是在吵架，后来才知道，是这位妇人在发泄情绪。

她最常骂的是：“我不甘心，你这疯人，总有一天遭报应，你怎么可以骗我。”

知情人说这位女人曾被她所信任的朋友骗过，朋友向她借钱，借了之后就跑了，妇人初期不能接受，但也算平静，十多年之后就成如今这模样，十多年来她不能原谅朋友，将怨气积在心中，将自己积出病来。

有人给宽恕打了一个美丽的比喻，他说："一只脚踩扁了紫罗兰，它却把香味留在那脚跟上，这就是宽恕。"我们常常在自己脑子里预设了一些规定，以为别人应该有什么样的行为。如果对方违反规定置之不理，就感到怨恨。其实，这是一件十分可笑的事。大多数人一直以为，只要我们不原谅对方，就可以让对方得到一些教训，也就是说："只要我不原谅你，你就没有好日子过。"而实际上，不原谅别人，表面是那人不好，其实真正倒霉的人却是我们自己，一肚子窝囊气不说，甚至连觉都睡不好，没多久就会积出病来。

1937 年 1 月，美国一名精神病患者持枪冲进山迪·麦葛利格先生的家里，枪杀了他三个花样年华的女儿。这场悲剧使山迪陷入了痛苦的深渊，一个月的时间，就让他老了 10 岁。

随着时间的流逝，他在朋友的劝慰下体会到，要使自己的生活走上正轨，唯一的办法是抛开愤怒，原谅那名凶手。于是，山迪把所有的时间用来帮助别人获得心灵的平静及宽恕他人。他的经验可以证明，即使是遭遇剧变所引起的怨恨，在人性中也依然可以释怀。如果你问山迪，他会告诉你，他抛开愤怒是为了自己，为了让自己好好活下去。

令人心碎的事，大病、孤寂和绝望，每个人都难以幸免。失去珍贵的东西之后，总有一段伤心的时期。问题是，你最后到底是变得坚强还是更软弱？原谅别人，是对待自己最好的方式，因为释放了自己，才能有健康自由的心态。

即使是尖锐的批评，也不要念念不忘

凡是遭到的批评，都是对自己的某些作为的否定和阻止，既然每个人都不是完美的、全能的，那么，我们看待批评就应看做是对我们的帮助，而不应看做是伤害而念念不忘。

《快乐的人生》

一次，我采访到英国海军陆战队最足智多谋、充满传奇色彩的少将——巴特勒少将。

他对我说："年轻时他急切渴望成名，希望给每个人留下好印象。那时，稍微有一点批评都会令他心里很难过。不过30年的海军陆战队生活使他豁达多了。他曾被人骂得像条狗、蛇或臭鼬，还曾被诅咒专家诅咒过。所有英文词汇中最难听的词，他都被人骂过，现在不听到骂声反而不受用了。"

巴特勒对批评的态度可能太过敷衍了，不过我们多数人却又过分重视了。记得几年前一位纽约《太阳报》记者来参观我的成人辅导课，然后写了一篇报道，大肆攻击我的工作和我个人。我火冒三丈，觉得这是对我的侮辱，我打电话给《太阳报》执行委员会主席吉尔，要求他刊登一篇文章澄清事实，以取代嘲讽抨击的评论，我发誓一定要让他受到惩罚。

对于当时的我，我现在觉得惭愧。因为我后来意识到读到那篇文章的读者也许连一半都没有，即使看到的一半读者也未必把这篇报道当回事。而且读过的读者中又有大约一半会在几周内把这件事抛到脑后。

我也明白了没有人真正关心别人的事，因为人们一心只关心自己——从早上醒来到晚上睡觉，他们关注自己轻微的身体不适，都会重于关注你我的死讯。

即使有人捉弄我们，出卖我们，从背后捅一刀，就是被最亲密的朋友背叛——我们也不要坠入唉声叹气的深渊。相反，那正好可以提醒我们，发生在耶稣身上的不幸比我遇到的严重多了，他的十二位最亲传的门徒中有一位竟为了区区 30 个金币就背叛了耶稣。另一个门徒三次公开声明他不认识耶稣——甚至为此发誓。十二位门徒中有两个人背叛了他，折算是六分之一的比率！既然连耶稣的遭遇都这样，你我凭什么期望得到更好的待遇？

多年以来，我发现既然不公的批评避之不及，至少我可以做些更重要更有意义的事——让自己尽量免受批评造成的干扰。

我要说明的是，我并非提倡忽视所有的批评，而仅仅是不理会恶意的刁难。我向罗斯福总统夫人请教，她如何看待恶意刁难——当然我心知肚明她受尽了这类责难。她可算得上是拥有朋友最多，敌手也最多的白宫女主人了。

她告诉我，少女时代的她曾经非常害羞，担心人们的恶言恶语，害怕别人的批评，有一天她向罗斯福总统的姐姐请教，她问："我想做这样那样的事，可是又怕受人指责。"

罗斯福总统的姐姐凝视着罗斯福夫人，对她说："只要你相信自己问心无愧，就不要在意别人的看法。"罗斯福夫人说，在白宫中，那句话一直是她的精神支柱。她说："做你问心无愧的事——因为反正会受到批评的。做某些事被骂，什么都不做也可能被骂。结果都一样。"这就是她的建议。

华尔街的美国国际公司总裁布鲁士曾接受我的采访，当问及他对别人的批评是否敏感时，他说："对啊，年轻时我确实对别人的批评极其敏感，当时我渴求全公司人的认可，承认我是完美的。如果他们不承认这点，我就会很烦恼。为了取悦那个持反对意见的人，我往往会得罪另一个人。于是我又得安抚那个人，结果搞得一团糟，最后大家都有意见。最后我无奈地发现，越是为了避免别人对我个人的批评，我需要安抚的人就越多，同时得罪的人也越多。我只有安慰自己：'既然你处于领导地位，就注定遭到批评，顺其自然吧！'这对我很有用，从此之后，我树立了一个原则，只管尽力而为，然后撑起一把伞，让如雨的批评顺伞滑落，而不再让批评留在心里，使自己难过。”

美国作曲家迪姆·泰勒做得更超脱，他不但没有受到闲言碎语的伤害，还能在公众面前一笑了之。在周日下午的电台节目中，他作音乐评论，有个女人写信给他，侮辱他为“骗子、叛徒、毒蛇、白痴”，泰勒在他的自传《人与音乐》中提到这段往事：“我以为她只是随意说说的，于是在下周的广播中，我向所有的听众念出这封信，可几天后，我仍然收到同一个女人的来信，坚持她的恶意态度，还骂我是骗子、叛徒、毒蛇与白痴。”泰勒处理别人抨击的态度真令人钦佩，我们佩服的是他的诚挚、从容不迫以及幽默感。

在美国内战期间，林肯总统如果没有学会对排山倒海的各种恶言攻击置若罔闻，恐怕他早就精神崩溃了。林肯应付无端侮辱诽谤的方法已被奉为经典。麦克阿瑟将军把林肯的至理名言放在他指挥总部的办公桌上，同样有一份放在丘吉尔的书房里，林肯如此对待：“只要我不对任何诽谤做出反应，这件事就到此为止。我问心无愧尽力而为，我将继续如此直到生命的最后一刻。最后，如果结果证明我正确，那么所有的责难都毫无意义。反之，如果结果证明我错，即使有10位天使为我作证拥护我是正确的，也毫无用处。”

不能让自己身上永远背着仇恨袋

行路都希望道路是平坦的，没有沟壑、没有坎坷；为人做事也一样，都希望没有阻碍，没有敌人，事实上，后一个希望比前一个希望更容易实现，它只需你淡化恩怨即可。

《人性的弱点》

勇于忘记，着眼未来，把精力放在做对社会有意义的事情上；不念旧恶，注重现在，把洒脱用于做人上。

有一个富翁，他有 3 个儿子，在他老年之后，富翁决定把自己的财产全部留给 3 个儿子中的一个。可是，到底要把财产留给哪一个儿子呢？富翁于是想出了一个办法；他要 3 个儿子都花一年时间去游历世界，回来之后看谁能做到最高尚的事情，谁就是财产的继承者。

一年时间很快就过去了，3 个儿子陆续回到家里，富翁要 3 个儿子都讲一讲自己的经历。

大儿子得意地说："我在旅行到一个贫穷落后的村落时，看到一个可怜的小乞丐不幸掉到湖里了，我立即跳下马，从河里把他救了起来，并留给他一笔钱。"

二儿子自信地说："我在游历世界的时候，遇到了一个陌生人，他十分信任我，把一袋金币交给我保管，可是那个人却意外去世了，我就把那袋金币原封不动地交还给了他的家人。"

三儿子犹豫地说："我没有遇到两个哥哥碰到的那种事，在我旅行的时候遇到了一个人，他很想得到我的钱袋，一路上千方百计地害我，我差点死在他手上。可是有一天我经过悬崖边，看到那个人正在悬崖边的一棵树下睡觉，当时我只要抬一抬脚就可以轻松地把他踢到悬崖下，我想了想，觉得不能这么做，正打算走，又担心他一翻身掉下悬崖，就叫醒了他，然后继续赶路了。这实在算不了什么有意义的经历。"

富翁听完 3 个儿子的话，点了点头说："诚实、见义勇为都是一个人应有的品质，称不上是高尚。有机会报仇却放弃，反而帮助自己的仇人脱离危险的宽容之心才是最高尚的。我的全部财产都是老三的了。"

勇于忘记是一种心理平衡。有一句名言叫做："生气是用别人的过错来惩罚自己。"也是一种郁闷的解脱，实际上最受其害的就是自己的心灵，搞得自己痛苦不堪，何必呢？这种人，轻则自我折磨，重则就可能产生疯狂的报复念头。

乐于忘记是成大事者的心态。既往不咎的人，才可甩掉沉重的包袱，大踏步地前进。人要有点"不念旧恶"的精神，况且在同事之间，在许多情况下，人们误以为“恶’的，也未必就真的是什么“恶”。退一步说，即使是恶，对方心存歉疚、诚惶诚恐，你不念旧恶、以礼相待，说不定对方也能改恶从善。

假如你想化敌为友，就得迈出第一步。否则，不会有任何进展，但你和别人之间发生矛盾的时候，要主动示好，宽容一切，采取需求和解的行动，这样才能赢得和谐的人际关系，享受幸福的人生。

多年前，在美国新泽西州的一个小镇上有一对叫捷克和康姆的邻居，但他们确实不是什么好的邻居。虽然谁也记不清到底是为什么，但彼此就是不和睦。他们只知道不喜欢对方，有这个原因就足够了。所以有的时候他们也会发生口角。尽管夏天在后院开除草机除草时车轮常常碰在一起时，会说两句气话，但一般情况下，他们还是很少打招呼。

后来，在夏天快要过去的时候，捷克和妻子外出去度两周的假期。开始的时候康姆和妻子并未注意到捷克家的出游。也是，注意干什么？除了口角之外，他们相互间很少说话。

但是一天傍晚康姆在自家的院子除过草后，注意到捷克家的草已很高了，而自家草坪刚刚除过草，看上去特别显眼。

对开车过往的人来说，捷克家中的草坪很显然在告诉别人，家中没有人，这样就会引来盗贼的光顾。

康姆看着那高高的草坪，心里真不愿去帮他不喜欢的人。尽管他很努力地在脑子里抹去这种想法，但是那种帮忙的想法总是挥之不去。第二天，他就主动地把捷克家的草坪除了草。

几天之后，捷克和他的妻子回来了。他们回来不久，捷克就在街上走来走去，并且在整个街区每个房了前都停留了 会。最后，他来到了康姆的房子前，敲开了康姆家的门。

“康姆，是你帮我家除草了？”捷克问，这也许是他很久以来第一次这样称呼康姆。“我问了所有的人，他们都没有除。他们说是你干的，是真的吗？”捷克的语气几乎是在责备。

“是的，捷克，是我除的。”康姆说，他的语气也带有挑战性，因为他听到的不是感激，而是一种责备。

捷克此时有点犹豫，他不知道自己刚才说了些什么，他考虑了片刻，最后用低得几乎听不见的声音对康姆说了声“谢谢”，就匆匆离去。

就这样，捷克和康姆打破了以往的沉默，他们虽然还没有发展到一起出去效游，但他们的关系改善了。至少除草机开过的时候，他们相互问有了笑容，有时甚至说一声“你好”。先前他们后院的战场现在变成了非军事区。如果没有彼此的宽容，他们还是很难走到这一步。

在人与人的关系中，要做到长久的相处最重要，最难得的是将心比心、平和友好。

宽容忍让是一种博大的处世胸襟

大方豁达的待人态度不仅能给他人带来快乐，也是持这一态度的人获取快乐的巨大源泉，因为它使你受到普遍的喜爱和欢迎。

《人性的优点》

在纽约街头的公共汽车上，一个红发的男青年往车上吐了一口痰，被乘务员看到了，并说：“先生，为了保持车内的清洁卫生，请不要随地吐痰。”没想到那个男青年听后不仅没有道歉，反而说出一些不堪入耳的脏话，然后又狠狠地向地板上连吐三口痰。面对如此不讲公德的人，乘务员气得面色涨红，就连车上的乘客也十分之气愤，然而让大家想不到的是女乘务员定了定神，平静地看了看那位先生，对大伙说：“没什么事，请大家回座位坐好，以免摔倒。”一面说，一面从衣袋里拿出手纸，弯腰将地板上的痰迹擦掉，扔到了垃圾桶里，然后若无其事地继续卖票。看到这个举动，大家愣住了。车上鸦雀无声，那位先生的舌头突然短了半截，脸上也不自然起来，车到站没有停稳，就急忙跳下车，刚走了两步，又跑了回来，对乘务员喊了一声：“请你原谅我的粗野！”

这位女乘务员面对污辱，既没有争辩，也没有与之吵闹，而是忍下一时之气，主动退让一步。这种退让使她取得了道德上，人格上的胜利，同时给了那位不讲社会公德的人一个深刻的教训。所以，生活中要注意培养这种忍让宽容的习惯，就像人们常说的那样：忍字头上一把刀，遇事不忍把祸招，若能忍住心头急，事后方知忍字高。

某女士在家排行老大，小时候家境艰难，父母忙于上班，照看两个弟弟、洗衣做饭等家务事早早就落在她的头上。弟弟怕她，父母疼她。因此她养成了能吃苦受累不能忍气吞声的个性。后来参了军，在部队纪律的严格约束下，部队的一些要求她虽然行动上执行了，可心里却不服气，常常牢骚满腹。而她真正成熟进步是从学习忍让开始的。她当的是通信兵，搞长途话务，记得刚上机时，负责培训她的是连里比较厉害的一位老兵。有一次，用户要与部队下面的一个分站通话，她拿着插头不知往哪条线路上插，正犹豫着，那位老兵一把将她的手打下，说：“你别拿着我的插头巡逻了。”从小到大，她哪里受过这个气，当时她的脑袋嗡的一声，血往脸上直涌，泪水在眼窝里打转，真想摘下话筒跑掉，或者和老兵大吵一架。可是一刹那间，她忍住了。想起平时上级说的三尺机台就是战场，要是跑掉不就等于在战场上开小差了吗？所以她一边忍着气抹着泪，一边认真地看老兵操作。下班后又帮着老兵整理话单，打扫机房，这时心情已经好多了；而老兵也觉得有些过火，主动过来手把手地教她。两人以后成了无话不谈的好朋友。

忍让是理智的抉择，是成熟的表现。一个人如果能养成宽容忍让的习惯，那么他就会获得别人的尊敬。

威廉·麦金莱刚任美国第25任总统时，指派某人做税务部长。当时有许多政客反对此人，他们派代表前往总统府，要求麦金莱说明委任此人的理由。为首的是一位身体矮小的国会议员，他脾气暴躁，说话粗声粗气，开口就把总统大骂一番。麦金莱却不吭声，任凭他声嘶力竭地骂着，最后麦金莱才极和气地说：“你讲完了，怒气应该平息了吧。照理你是没有权力这样责问我的，但现在我仍然愿意详细地给你作出解释……”

这几句话说得那位议员羞惭万分，但总统不等他表示歉意就和颜悦色地对他说：“其实也不能怪你，因为我想任何不明真相的人都会大怒。”接着，他便把理由一一解释清楚。

其实，不等麦金莱解释，那位议员已被他折服，他心里懊悔自己不该用这样恶劣的态度来责备一位和善的总统。因此，当他回去向同伴们汇报时，只是说：“我记不清总统的全部解释，但有一点可以报告，那就是总统的选择并没有错。”

“忍”不但使麦金莱的解释获得极好的效果，而且使那位议员从此悔悟，以后永远不再作出令人难堪的举动。别人故意用种种计策让自己大发脾气，自己一气之下，就会作出不理智的事情，这样无疑是自讨苦吃。

不仅如此，敌视自己的人也会故意发起挑衅，如果不冷静地忍让，就会让自己陷入窘境。

现实生活中，让人生气、令人发怒的事会随时发生，作为一个有头脑的人，为了更好地、安宁地生活和工作，理智地处理好各种不愉快，就需要培养自己忍让的习惯。如果不忍，任意放纵自己的感情，首先伤害的是自己。例如对方是自己的对手、仇人，有意气自己、激自己，自己不能忍气制怒、保持清醒头脑，就容易被人牵着鼻子走，中了人家的计。

忍就是控制人性中的情感，所以要养成忍让宽容的习惯可能很困难。但如果做到了，就会有很多收获，往往就是在宽容忍让之后，在某个方面有所突破，从而实现了最初的成功梦想。

为仇人祈祷

当我们恨我们的仇人时，就等于给了他们致胜的力量。那力量能够防碍我们的睡眠、我们的胃口、我们的血压、我们的健康和我们的快乐。要是我们的仇人知道他们如何令我们担心，令我们苦恼，令我们一心报复的话，他们一定会高兴得跳起舞来。我们心中的恨意完全不能伤害到他们，却使我们的生活变得象地狱一般。

《人性的弱点》

可能我们还达不到圣人的高度，无法去爱我们的仇敌，但为了自己的健康和快乐，至少我们要原谅他，忘记他，这才是最明智的做法。

一个晚上，我旅行途经黄石公园，我与其他游客一起坐在露天地，面对茂密的树林，期望看到森林杀手灰熊的出现。因为灰熊会到森林旅馆扔弃的垃圾堆中寻找食物。一位森林管理员骑着马告诉了我们这群兴奋的游客有关熊的事情。他告诉我们：除了水牛和另一种黑熊之外，灰熊几乎可以击倒西方所有的动物。但在那天晚上，我却注意到有一只小动物——只有一只——灰熊不但让它从森林里跑了出来，还与它在灯光下共进晚餐。那是一只臭鼬！灰熊很清楚，只需扬起它的巨掌就可以毫不费力地将其一掌打死。但它为什么不那样做呢？因为它从经验里学到那样做得不偿失。

我也知道这个道理。当我还是个乡村孩子的时候，曾在密苏里州的篱笆边抓过这种四只脚的臭鼬；当我长大成人后，在纽约的街头也碰过几个两只脚的“臭鼬”。我从这些不幸的经历中发现：无论招惹哪一种“臭鼬”，都不值得。

当我们痛恨我们的敌人时，就等于给了他们取胜的力量。这种力量会影响我们的睡眠、我们的食欲、我们的血压、我们的健康和我们的快乐。如果我们的敌人知道他们是如何让我们忧虑、让我们烦恼、让我们一心只想报复的话，他们一定会高兴得手舞足蹈。我们的恨意完全伤害不到他们，可是却可以使我们的生活变成了地狱。

报复为什么会伤害你呢？它的伤害可多了。据《生活》杂志说，报复甚至会损害你的健康。“高血压患者的主要特征是容易愤怒。”杂志说，“愤怒不止的话，长期性高血压和心脏病就会随之而来。”

现在你该明白耶稣所说的“爱你的仇人”，不只是一种道德教导，而且是在宣扬一种最新医学，正是在教导我们如何养生。

我的一个朋友最近心脏病发作，医生要求他躺在床上，不论发生任何事情都不能生气。医生知道患有心脏衰竭症的人，一旦发怒生气，就可能送命。几年前，华盛顿州斯泼坎城一家餐馆的老板的确因为生气致死。我面前现在就有一封寄自华盛顿州斯泼坎城警察局局长杰瑞·施瓦脱的信。信中说：“几年以前，68岁的威廉·弗尔坎伯在斯泼坎城开了一家咖啡馆。因为他的厨师坚持用茶碟喝咖啡，而将他活活气死。当时，那个咖啡馆老板非常恼火，抓起一把左轮手枪去追那个厨师，结果因为心脏病发作倒地死去——他手里还抓着那支手枪。验尸员报告说：他因为愤怒而导致心脏病发作。”

假如我们的仇人知道我们对他们的怨恨，使我们精疲力竭、使我们紧张不安、使我们的外表受到损伤、使我们患上心脏病，甚至可缩短我们寿命时，他们难道不会拍手欢呼吗？

也许我们不能坦然地爱我们的仇人，但为了我们自己的健康和快乐，至少要原谅他们，忘记他们。那才是聪明之举。有一次，我问艾森豪威尔将军的儿子约翰，他父亲是否怨恨别人。他回答说：“不，我父亲从来不浪费时间去想他不喜欢的人。”

有句老话说：“不会生气的人是笨蛋，而不生气的人才是智者。”

这也正是纽约州前州长威廉·盖诺的处世哲学。当他被一份街头小报攻击得遍体鳞伤，又被一个疯子打了一枪而几乎送命时，他躺在医院，生命垂危，却仍然说：“每天晚上我都原谅所有的事和所有的人。”

这是不是太理想了呢？是不是过于轻松美好了呢？如果是这样，就让我们来看看德国伟大的哲学家、《悲观论集卷》的作者叔本华的理论。他认为生命就是一种毫无价值而又充满痛苦的冒险，当他走过生命中每一刻的时候，全身都散发着痛苦。可是在绝望深处，叔本华却说："如果可能，不应该怨恨任何人。"

有一次我曾问伯纳德·巴鲁屈——他曾担任过6位总统威尔逊、哈定、柯立芝、胡佛、罗斯福和杜鲁门的顾问——他会不会因为敌人的攻击而烦恼？"没有人能够羞辱或干扰我，我不会让他们得逞。"他回答说。

也没有人能够羞辱或困扰你和我——除非我们让他这样做。

"棍棒和石头也许能打断我的骨头，可是语言永远伤害不了我。"

多少年来，人们总是景仰不怀恨其敌人的人。我常去加拿大杰斯帕国家公园，仰望以伊笛丝·卡薇尔的名字命名的山，这是西方最美丽的山。它是为了纪念一位在1915年10月12日被德军行刑队枪毙的英国护士。她犯了什么罪呢？因为她在比利时的家中收容和看护了许多受伤的英法士兵，还帮助他们逃往荷兰。在10月的一天早晨，一位英国教士走进军队监狱她所在的牢房，为她做临终祈祷。伊笛丝·卡薇尔说了两句后来刻在她的纪念碑上的不朽的话："我知道仅有爱国还不够，我一定不能敌视或怨恨任何人。"4年之后，她的遗体运送到英国，在威斯敏斯特大教堂举行了安葬仪式。今天，在伦敦国立肖像画廊对面立着伊笛丝·卡薇尔的花岗岩雕像——这是一位英国不朽英雄的雕像。

爱比克泰德在19个世纪前就指出，我们会种因得果，无论如何，我们总会为自己的过错付出代价。"归根结底，"爱比克泰德说，"每一个人都会为他自己的错误付出代价。能够记住这点的人就不会对任何人生气，也不会和任何人争吵，不会辱骂、斥责、侵犯、痛恨别人。"

在美国历史上，大概没有其他人所受的责难、怨恨和陷害比林肯更多。但是根据荷恩敦的不朽传记记载，林肯"从来不以自己的好恶来评判别人。如果有什么工作要做，他也会想到他的敌人会做得和其他人一样好。如果一个人以前曾羞辱过他或对他个人不敬，但这人却是某个职位的最佳人选的话，林肯也会让他担任该职，就像派他的朋友去做这件事一样……他从未因为某人是他的敌人或者他不喜欢某人而解除其职务。”

许多被林肯委以高位的人，以前都曾批评或羞辱过他，如麦克里兰、西华、史丹顿和查尔斯。但据荷恩敦记载，林肯认为“没有人会因为他做了什么而被歌颂或受责难。因为我们都会受条件、情况、环境、教育、生活习惯和遗传等因素的影响，由此造就了我们的现在和将来”。

也许林肯是对的。如果我们继承了与我们的敌人同样的生理、心理及情绪特征，如果我们的人生也完全相同，我们就会和他们一样行事。我们不可能做出别的事来。就像克拉伦斯·达罗常说的：“知道了一切就会理解一切，这样我们就不会评判或谴责他人。”所以，不要恨我们的敌人，而是怜悯他们，感谢上帝没有让我们和他们一样经历同样的人生。不要诅咒、报复我们的敌人，而是给他们谅解、同情、帮助、宽容和祈祷。

我在每天晚上都会念《圣经》并作睡前祈祷。现在，我仿佛还听见密苏里州一个孤寂的农庄中，我父亲正在诵读耶稣的话——只要人类还重视这个理想就会一再重复的话：”爱你的仇人，善待恨你们的人；诅咒你的，要为他祝福；凌辱你的，要为他祷告。”

我父亲按照这些话去做了，也使他的内心得到了一般官员和君主所无法得到的平静。

我们永远不要去试图报复我们的仇敌，如果我们那样做的话，我们对自己的伤害将会甚于对敌人的伤害。让我们像艾森豪威尔将军那样去做：不要把时间浪费在去想那些我们不喜欢的人。

如果我们有着与人长久以来结成的恩怨，就果断地去淡化它或去化解它。

四

端正心态，永远按正常逻辑去判定生活

——如果有个柠檬就做柠檬汁

生活中，态度决定成败，无论情况好与坏，都要抱着积极的态度，不让沮丧取代热心，生命可以价值很高，也可一文不名，主要取决于心态。因此，为了事业的成功和生活的幸福，我们必须拥有一个积极的心态。

境遇再悲惨也不抱怨生活

我们所面临的生活境况无论是好还是不好，都已是摆在我们面前的事实了，而且它的发生和存在自有它本身不能左右的原因，而对此最理智的态度就是承认，过好自己的每一天。

《快乐的人生》

在追求某种目标时，即使举步维艰，仍有所指望。事实也证明，当你往好的一面看时，你便有可能获得成功。

一个具有积极心态的人绝不是一个懦夫。他相信自己，他了解自己，遇到困难一点也不畏惧，能永远立于不败之地。他会从所发生的一切事情中掌握对自己最有利的结果。他所坚持的原则是，不断地将弱点转化为力量。或者说，积极心态能使一个懦夫成为英雄，从心志柔弱变成意志坚强，由软弱、消极、优柔寡断的人变成积极的人。

著名心理学家威廉·詹姆斯说过："世界由两类人组成，一类是意志坚强的人，另一类是心志薄弱的人。后者面临困难挫折时总是逃避，畏缩不前。面对批评，他们极易受到伤害，从而灰心丧气，等待他们的也只有痛苦和失败，但意志坚强的人不会这样。他们来自各行各业，有体力劳动者、有商人、有母亲、有父亲、有教师、有老人、也有年轻人，然而内心中都有股与生俱来的坚强特质。所谓坚强的特质，是指在面对一切困难时，仍有内在勇气承担外来的考验。"

在纽约附近有一个小镇，镇上有一位名叫吉姆的男孩，他十分可爱，也是位真正的男子汉，一个真正意志坚强的人。他是个天生顶尖的运动好手。不过在他刚入中学不久腿就瘸了，并迅速恶化为癌症。医生告诉他必须动手术，他的一条腿便被切掉了。出院后，他拄着拐杖返回学校，高兴地告诉朋友们，说他将会安上一条木头做的腿：“到时候，我便可以用图钉将袜子钉在腿上，你们谁都做不到。”

足球赛季一开始，吉姆立刻回去找教练，问他是否可以当球队的管理员。在练球的几星期中，他每天都准时到球场，并带着教练训练攻守的沙盘模型。他的勇气和毅力迅即感染了全体队员。有一天下午他没来参加训练，教练非常着急。后来才知道他又进医院做检查了，并得知吉姆的病情已恶化为肺癌。医生说：“吉姆只能活六周了。”

吉姆的父母决定不将此事告诉他。他们希望在吉姆生命最后的时期，能尽量让他正常过日子。所以，吉姆又回到球场上，带着满脸笑容来看其他队员练球，给其他队员加油鼓劲。因为他的鼓励，球队在整个赛季中保持了全胜的纪录。为庆祝胜利，他们决定举行庆功宴，准备送一个全体球员签名的足球给吉姆。但是餐会并不圆满，吉姆因身体太虚弱没能来参加。

几周后，吉姆又回来了。他这次是来看足球赛的。他脸色十分苍白，除此之外，仍是老样子，满脸笑容，和朋友们有说有笑。比赛结束后，他到教练的办公室，整个足球队的队员都在那里。教练还轻声责问他：“怎么没有来参加餐会？”“教练，你不知道我正在节食吗？”他的笑容掩盖了脸上的苍白。

其中一位队员拿出要送他的胜利足球，说道：“吉姆，都是因为你，我们才能获胜。”吉姆含着眼泪，轻声道谢。教练、吉姆和其他队员谈到下个赛季的计划，然后大家互相道别。吉姆走到门口，以坚定冷静的目光回头看着教练说：“再见，教练！”

“你意思是说，我们明天见，对不对？”教练问。

吉姆的眼睛亮了起来，坚定的目光化为一种微笑。“别替我担心，我没事！”说完话，他便离开了。两天后，吉姆离开了人世。原来吉姆早就知道他的死期，但他却能坦然接受。这说明他是一个意志坚强、积极思考的人。他将悲惨的事实转化为富有创意的生活体验。或许，有人会说，他还是死了，积极思想最终也未能帮他多少忙，这并不完全对。至少吉姆知道凭借信仰的力量，在最坏的环境中创造出令人振奋而温暖的感觉。他不像鸵鸟般将头埋进沙堆，逃避事实。他完全接受了命运，但决定不让自己被病痛击倒，他从未被击倒过。虽然他的生命如此短暂，他仍把握它，把勇气、信仰与欢笑永远留在他所认识的人们心中。一个能做到这一点的人，你还能说他的一生失败了吗？

这就是积极心态的力量，这便是意志坚强，这便是拒绝被打败，这也就是尽你一生所有勇敢面对人生。

用现实的眼光看生活

生活是客观的，也是现实的，而现实的存在是遵循它的自身规律在发展变化的，任何试图想改变它，违背它，去肆意而为的人，除了证明他性情浮躁以外，他也无任何快乐而言。

《人性的弱点》

生活中，快乐甜甜，也不乏痛苦连连。快乐时无须大喜大乐，因为快乐的长度并不长；痛苦时也无须大悲大痛，因为痛苦的长度也不长。生活的内容很多，我们不可能全部拥有，那些能让我们快乐的事情也同样能使我们痛苦，所以我们不要因为得到而欣喜若狂，也不要因为失去而痛苦不堪。

有一个年轻人与情人约会，来得很早，就在树下转来转去。这时候，一位老禅师来到他身边，拿出一枚纽扣对年轻人说：“你将纽扣向右一转，你就能跨越时间，要多远有多远。”

年轻人试着将纽扣一转，情人出现了，正向他递送秋波。他心里想要是现在就进行婚礼，那该多好啊！他又转了一下，眼前出现这样的场景：隆重的婚礼，丰盛的酒席，他和情人并肩而坐，周围管乐齐鸣，悠扬醉人。他抬起头，盯着妻子的双眸，又想现在要是只有我俩该有多好。他又转动了一下纽扣，立刻夜阑人静……

他飞速地转动纽扣，他有了儿子，后来又有了孙子，转眼间已是儿孙满堂。然后儿孙们又四处为官，到处受人追捧。纽扣转到最后，年轻人已是老态龙钟，独卧病榻，几个不孝儿孙把家产挥霍一空，还狠心地把他扔到荒郊野外。又饿又累的老人仰面跌倒，被乌鸦老鼠咬成了一堆破烂。

年轻人看得头皮发麻，直冒冷汗，像泄了气的皮球。正当他万念俱灰的时候，禅师收回了纽扣。于是，年轻人又回到了那棵枝繁叶茂的树下，继续等待着他那可爱的情人。

正如年轻人所看到的那样，在世俗的快乐中绝对找不到永恒的幸福，因为时间使任何东西都变得无常。当你快乐时你要想这些不是永恒的，当你痛苦时也要想这些不是永恒的。只有这样才能做到得意时不忘形、不贪恋，失败后也不灰心、不气馁。

世上没有永远的幸福，也没有永远的厄运；没有永远的快乐，也没有永远的痛苦。在快乐中我们要感谢生活，在痛苦中我们也要感谢生活，因为生活原本就是美丽的，生活的艺术就是学会在失去一切的情况下能够做到容纳一切的本领。生活本身既不是祸，也不是福，它是祸福的容器，就看自己把它变成什么。

相信天生我材必有用

要坚信，每个人都有自己的用武之地，拿不到元帅杖，就拿枪，没有枪，就拿铁铲，只要你想做就总有一件事情适合你，或者说是能满足你，哪怕是最低的愿望。

《人性的弱点》

“成功吸引更多成功，而失败带来更多失败。”这句话一语中的，为成功而努力会使你更能有力迈向成功。如果你什么也不干，坐等失败，只会使你遭受更多的失败。

在对待事情的态度上，积极心态的人认为一切都是有可能的，而消极心态的人则怀疑一切，做事犹豫不决，畏首畏尾。

其实，在生活中永远也不要消极地认定什么事情是不可能的，首先你要认为你能，再去尝试、再尝试，最后你就发现你确实能。对于变不可能为可能，我认为这就是一种心态。

年轻的时候，拿破仑·希尔抱着一个当作家的雄心。要达到这个目标，他知道自己必须精于遣词造句，字词将是他的工具。但由于他小时候家里很穷，所接受的教育并不完整，因此，朋友们善意地告诉他，说他的雄心是“不可能”实现的。

年轻的希尔存钱买了一本最好的、最完全的、最漂亮的字典，他所需要的都在这本字典里面，他的意念是完全了解和掌握这些字。而他竟然把字典里“不可能”这个词用小剪刀剪掉，于是他有了一本没有“不可能”的字典。以后他把他整个的事业建立在这个前提上，那就是对一个要成长，而且要成长得超过别人的人来说，没有任何事情是不可能的。

其实，把“不可能”从字典里剪掉，只是一个表象，关键是要从你的心中把这个观念铲除掉。并且，在你的谈话中排除它，想法中排除它，态度中去掉它、抛弃它，不再为它提供理由，不再为它寻找借口，把这个字和这个观念永远地抛弃，而用光辉灿烂的“可能”来替代它。

再比如汤姆·邓普西，他就是将不可能变为可能的典型。

汤姆·邓普西生下来的时候，只有半只脚和一只畸形的右手。父母从来不让他因为自己的残疾而感到不安。结果是任何男孩能做的事他也能做，如果童子军团行军 5 公里，汤姆也同样走完 5 公里。

后来他要踢橄榄球，他发现，他能把球踢得比任何在一起玩的男孩子远。他要人为他专门设计一只鞋子，参加了踢球测验，并且得到了冲锋队的一份合约。但是教练却尽量婉转地告诉他，说他“不具有做职业橄榄球员的条件”，促请他去试试其他的事业。最后他申请加入新奥尔良圣徒球队，并且请求给他一次机会。教练虽然心存怀疑，但是看到这个男孩这么自信，对他有了好感，因此就收了他。两个星期之后，教练对他的好感更深，因为他在一次友谊赛中踢出55码远的得分。这使他获得了专为圣徒队踢球的工作，而且在那一季中为他的球队踢得了99分。

那是在比赛最紧张的时刻，球场上坐满了6.6万名球迷。球是在28码线上，比赛只剩下了几秒钟，球队把球推进到45码线上，但是可以说根本就没有时间了。当汤姆进场的时候，他知道他的队距离得分线有55码远，是由巴第摩尔雄马队毕特·瑞奇踢出来的。但是，邓普西心里认为他能踢出那么远，而且是完全有可能的，他这么想着，加上教练又在场外为他加油，使他充满了希望。

正好，传球接得很好，邓普西一脚全力踢在球身上，球笔直地前进。6.6万名球迷屏住气观看，接着终端得分线上的裁判举起了双手，表示得了3分，球在球门横杆之上几英寸的地方越过，汤姆一队以19比17获胜。球迷狂呼乱叫——为踢得最远的一球而兴奋，这是只有半只脚和一只畸形的手的球员踢出来的！

“真是难以相信！”有人大声叫，但是邓普西只是微笑。他之所以创造出这么了不起的成绩，正如他自己说的：“他们从来没有告诉我，我有什么不能做的。”

总之，永远也不要消极地认定什么事情是不可能的，首先你要认为你能，然后去尝试、再尝试，要知道，世上没有什么是不可能的。

正面思维，就不会误入歧途

当有一大一小两个桔子要分配时，你得到的是那个小的，这时你真心地说出：尽管它小，但它比大的甜，这说明你的心态是端正的。

《快乐的人生》

有一天，我到芝加哥大学访问哈欣校长，当时我正在着手写一本书，准备向他请教如何处理忧虑这个问题。他答道："我一直严守一条原则，席尔斯百货公司总经理罗森华告诉我的，他说：'如果眼下只有一个酸柠檬，就想办法做杯可口的柠檬汁吧！'"

芝加哥大学校长正是如此，可一般人却正好反其道而行之。例如人们发现命运抛给他一个酸柠檬，他会立即抛掉，并说："完了！我真命苦！上天对我如此不公。"于是他看整个世界都不顺眼，并且自暴自弃。如果得到酸柠檬的人很明智，他会说："这次失败教会了我哪些道理？目前的处境该如何改变？怎样才能把这个酸柠檬做成柠檬汁呢？"

"人具有反败为胜的力量。"伟大的心理学家阿尔弗莱德一生都致力于研究人类及其潜能，他曾声称发现了人类特性中这种最神奇的功能。

20世纪的佛斯狄克曾说过："真正的快乐未必是愉悦的，它多半是某种胜利的感觉。"没错，快乐源于某种成就感，某种胜利的逾越，类似将酸柠檬榨成柠檬汁的过程。

我曾拜访过一位住在佛罗里达州的快乐农民，他将一颗剧毒的柠檬做成了极其可口的柠檬汁。当他刚买下那个农场时，情绪十分沮丧，心情低落。这贫瘠的土地既不适合种果树，也不适合养猪。只有一些矮灌木与响尾蛇在这块破农场生活。后来他灵感突现，决定扭转败局，将恶果变成利润，他要利用这里的响尾蛇。于是他不顾大家的阻挠与白眼，开始生产响尾蛇肉罐头。几年后我再去拜访他时，他那里平均每年有两万名游客到他的响尾蛇农庄参观。他的生意火极了。我曾亲眼目睹毒液抽出后送往实验室提取血清，高价出售蛇皮生产女式皮鞋与皮包，罐装蛇肉销往世界各地。当地人以这位把毒柠檬做成甜柠檬汁的农民为荣，我买了一些当地的风景卡片并到村中邮局去寄，发现邮戳印的是“佛罗里达州响尾蛇村”。

我遍游美洲各地，常见到“有能力反败为胜”的人，真是三生有幸！

心理学家证实了这个论断。卡尔博士说：“世界上有两种人，一种人认为自己是自己得到的报酬和受到的惩罚的依据；另一种人认为报酬和惩罚是诸如运气、天气和他人等外部因素造成的。通常，前一种人较后一种人更乐观，心理能量也更强，更有可能去积极采取行动来改善恶劣的现状。所以，当问题和困境来临时，你要相信自己能掌握自己的命运，你能克服这些问题和困境并达成目标，你的心理能量就会得到更好的重聚。”

卡尔博士因此把人划分为，内控型人格和外控型人格。如果你认为你生活中某件事情的发生与否更多地是在别人的控制之下，而不是受你自己的控制，那么你就是属于外控型人格。而内控型人格则认为，对这些事情的控制力主要来自于自身。

当然，如果你认为自己的生活更多地受到别人的影响和控制，那么，面对他们的影响和控制，你将会变得更加软弱。

当灾难降临的时候，外控型人格的人很容易将灾难扩大化并产生无助感。无助感会产生一种让人进入麻醉状态的无望感，这就是绝望循环。杰出的未来学家、《典范》的作者朱尔·巴克和宾夕法尼亚大学马汀·西里格曼博士有一项著名的研究，将无助和无望的关系描绘成一个反馈圈，无助产生希望的丧失，无望又会增强无助，它们互相加强，互相促进，是成就自我的灾难。

要改变这种状况很简单：从现在开始，像内控型人格一样看待这个世界。相信自己，事在人为——只有自己才是自己命运的主宰者！

已故的作家威廉·波利多曾写道：“人生中最重要的事并不是恣意挥霍，这任何人都可以做到。真正重要的是如何扭转亏空的局面，从中获利，这需要智慧，而且显示出人的智力优劣。”

我认识一位丧失双腿的人，也能从失败中获益，他叫本·佛森。在乔治亚州的一家旅馆电梯中，我偶然遇到他。步入电梯时，我注意到心情愉悦的他下半身不存在，他坐在电梯角落里的轮椅上。当电梯停在他要去的楼层时，他友善地请我让开，以便他顺利移动轮椅出去。“对不起！”他说，“劳驾你行个方便！”脸上现出和蔼的笑容。

走出电梯回房时，这位开心的残障者，实在让我忘不掉。于是我找到他，请他给我讲讲他的故事：

“事情发生在1929年，”他微笑着说，“有一次，我到山上去砍伐木头，把木材堆上车，然后开车回家。忽然一根木棍滑下来，就在我急转弯时，木条卡在车轴内，我立即被摔到一棵树上，伤到了脊椎骨，于是双腿就此瘫痪。

“当时我才24岁，从那以后，我再也没站起来过。”

24岁年纪轻轻的，就要在轮椅上度过一辈子！我问他如何能勇敢地面对这个残酷的事实。他说：“我不能！”他说当时极度怨恨，命运竟如此捉弄他。但随着年岁增长，他感觉反抗怨恨对自己毫无帮助，自己反倒变得尖酸刻薄不通人情。“我终于认识到，”他说，“别人和善礼貌地待我，我也应该和善礼貌地回应对方。”

我又问他，这么多年过后，那次事件对他来说还是个不幸吗？他说：“不！我现在感谢这件事的发生。”他给我讲述了经过震惊与抱恨的阶段，他开始找到一个不同的生活世界，他开始读书并对文学产生了兴趣。14年来，他至少读了1400本书，这些书开拓了他的眼界，丰富了他的人生，这比他以前所能想象的生活还要精彩。他也学会了欣赏美妙的音乐，以前听到音乐他就打盹，现在交响乐令他感动。然而最重大的转变，还是他开始认真思考。“有生以来第一次，”他说，“真正用心观察世界，体会人生价值。我终于悟到从前那些无聊琐事，毫无真正的价值可言。”

由于大量读书，他逐渐对政治产生了兴趣，他开始研究公众问题，坐在轮椅上演讲！他开始认识大家，而人们也开始结识他。他坐在轮椅上，就任乔治亚州州秘书长一职。

在纽约市教授成人辅导班时，他发现多数人都有一个共同的遗憾，就是没有机会接受正规的大学教育。他们认为没读过大学是一种缺陷。许多成功的人都没读过大学，我就认识很多，因此我知道这一点并不怎么重要。我常教导班里的成年人，有一个失学者，他的童年非常贫困凄凉。父亲去世后，在他父亲的朋友的帮助下，父亲的后事才料理好。而他母亲必须在一家伞厂工作，每天工作 10 个小时，还要带些零活回家做，一直干到晚上 11 点钟。

就是生长在如此环境中的那个男孩，有一次参加教会的戏剧演出，从此觉得表演非常有趣，他的公开演讲能力由此得到锻炼。后来也因为演讲能力出色，他涉足政界。30 岁时，就已当选纽约州议员。不过面对如此重任，其实他还没有完全准备好。他亲口对我说，他还没搞清楚州议员的职责是什么。后来，他开始研究纷繁复杂的各种法案，对他来说这些法案就跟天书一样。当选为森林委员会的委员时，他非常担忧做不好，因为他从来不了解森林。当选为银行委员会的委员时，他十分茫然，因为他连银行账户也没开过。他告诉我，要不是害怕向母亲承认自己的挫败感，他可能早就另谋高就了，正当绝望时，他下定决心每天研读 16 小时，把自己无知的“酸柠檬”化为拥有知识的甜柠檬汁。由于付出的努力，使他从一位地方政治人物一跃成为全国性的政治人物，他的表现相当杰出，连《纽约时报》都尊称他为“纽约市最可敬的市民”。

这正是艾尔·史密斯的传奇故事。

在艾尔自学成才后的 10 年，他成了纽约州政府的活字典，并连任四届纽约州长——这打破了纽约的州长任职纪录。1928 年，他成为民主党总统候选人。美国的六所著名大学，包括哥伦比亚大学及哈佛大学在内，都曾颁授荣誉学位给这位年少失学的人。

艾尔曾亲口对我说，如果他不是每天刻苦攻读16小时把他的缺陷弥补过来，今天他就不可能取得如此成就。

如果我有权力，就要把威廉·波利多的名言镌刻悬挂在每一所学校里："人生中最重要的并不是恣意挥霍，任何人都可以做到，真正重要的是如何扭转亏空的局面，从中获利，这需要智慧，而且显示出人的智力优劣。"

培养达观的生活态度

受苦是生命的实体，也是人格的根源，因为惟有受苦才能使我们成为真正的人。

《人性的优点》

生活，如果只有晴空丽日而没有阴雨笼罩，如果只有幸福而没有悲哀，如果只有欢乐而没有痛苦，那么，这样的生活根本就不是生活——至少不是人的生活，因为世界上只有坟墓中的居民才不会再有喜怒哀乐。所有的幸福就像是一团缠结不清的纱线，它是由悲伤和喜悦构成的，而喜悦正是因为有了悲伤才是可爱的。生活的舞台上，不幸和幸运，前后相随，鱼贯而出，使我们依次体味悲伤和快乐。即使是死亡本身也会使生活更为可爱，它让我们在现实的世界中关系更为亲密。"一颗麦粒落到地面上死了，它还是原来的样子，仍然是一颗麦粒；一颗麦粒如果种进土壤中死掉了，它将会结出丰硕的果实来。"死，也是通向更充实人生的道路，因此，死亡是人类幸福必不可少的条件。

毫无疑问，我们欣赏那些以胜利者的姿态、以喜悦的心态，面对人生所必须面对的一切的人们，他们在日常生活的斗争中无所畏惧，他们凡事希望，凡事相信；他们胜不骄，败不馁；在工作中任劳任怨，不遗余力；他们在苦难中不是怨天尤人，而是以微笑面对生活，怀着一份感激而生活，只有这些征服了命运的英雄才真正配称伟大。

月有阴晴圆缺，人有悲欢离合。如果只有艳阳高照，或者皓月当空，那么，天空的光辉灿烂也会让人痛苦不堪，难以忍受。这时，任何的变化，都会让人欢欣鼓舞，心旷神怡。常言道，莫说江头风浪险，更有人间行路难。现实生活中有欢乐，也有悲伤；有健康，也有病痛；有幸运，也有灾难；有成功，也有失败。在生活的海洋上，有狂风暴雨，有湍急的水流，有危险的暗礁，一帆风顺只能是我们的良好愿望。我们是伴着第一声啼哭来到人世的，也是带着一声叹息离开尘世的。

生活的不如意谁也不能逃脱。我们会在内心里流泪，温馨的家会变得凄凉；和睦的家庭有时会被拆散；彼此之间的误解会让亲密的朋友分道扬镳；恶意的诽谤会让人心痛；柔软的枕头会变得僵硬；生存竞争紧张而持久。我们听到的不是乐园中鸟儿的歌唱，而是模仿鸟的令人毛骨悚然的不祥的声音。太阳藏起了那张笑脸，天空变得黑暗可怕。雷声隆隆，闪电霹雳，大雨倾盆。为什么会发生这些可怕的事情呢？

曾经有人说过，解释一张笑脸容易，但是，说明眼角的泪滴难；解释成功容易，但是，说明失败难；解释幸运容易，但是，说明灾难难。

确实，苦难所引起的第一件事是在我们心中提出一系列的问题。如，我为什么会遭受痛苦？世界上为什么会存在这些痛苦？其实，我们不该提出这样一些问题，因为正是我们提出了这样的一些问题，增加了我们克服痛苦的难度。真正能够解决苦难问题的，不是贫乏的理论，而是关心痛苦的实践。只有以一种正确的方式去对待痛苦的时候，我们才能找到一种对痛苦的满意的解释。

基督和门徒们一起来到了一个恳求治病的瞎子面前。一个门徒问："这是谁的罪呢？是他自己的罪还是他父母的罪，使得他生来就是一个瞎子？"基督回答说："两者都不是，而是上帝的工作能够在他身上明显地表现出来。"他们在这个地方碰到瞎子并治好他的病，这就是问题的实际解决。

现实生活正是如此，如果我们能以一种正确的方式对待痛苦，那么，痛苦就不是一种无意义的残酷，而是我们的一种生活方式。生活正是通过痛苦来改变或者说锻造我们，痛苦只不过是为我们的生活服务，用来提升我们的品格的手段。只有经受了生活的苦难，我们才能获得隐藏其中的善，才会去思考生活，解释苦难。

对生活的期望永远不要太高

即使是世界上最为优秀的人，他也会有性格上的弱点，需要人们容忍、同情甚至怜悯。

《人性的弱点》

我们的才智通过我们的需要得到磨炼。个人就是在遇到和克服困难的过程中前进的。

那些因愚蠢而失去了自己的机会的人，他们的回忆录将会是令人痛苦而又难忘的篇章，但是却充满这个世界的启示。“一个人只要忠实于自己，只要他强壮健康，他就不会被世界所遗忘。为了对年轻人有所裨益，我们对一千个下决心努力奋斗的人进行精确的统计，看看其中失败的人数到底有多少。我们认为它不会超过1%。”埃比尼泽·埃利洛特说，人类很不容易获得成功，成功需要一系列的失败作为铺垫。人们一开始便遭受到失败，接下来又是一次又一次的失败，直到最后，一切困难才逃得无影无踪，人们才取得了成功。

又想获得成功却又不愿承担获得成功的代价，这是软弱和懒惰的最明显的标志。要得到任何值得欣赏和拥有的东西都必须愉快地付出劳动，这就是实践中力量的奥秘所在。“一个人或许宁愿辛勤劳动，也不愿游手好闲。因为游手好闲使得一个人的全部才华都没有得到运用和发挥，而是使它们处于一种昏睡和迟钝状态。从长远来看，我们会发现，自身才能的运用本身就是真正的幸福的源泉，随之而来的收获比当下的直接所得要大得多。”

一个理智、达观的人会渐渐地懂得，对生活不要期望太高。当他运用有效的方法力求成功的时候，他做好了失败的准备。他时时渴望幸福的降临，但他耐心地忍受各种苦难。在生活中，怨天尤人、悲号哀鸣是毫无用处的，唯有愉快而不懈的工作，才能有真实的收获。

理智而达观的人对自己身边的人也不会期望太多。只要能与别人和平相处，他就会容忍和克制。而且，有谁敢说自己是完美无缺的呢？谁没有令人苦恼的事情呢？谁不需要别人的宽大、容忍和谅解呢？被投进监狱的可怜的丹麦女王卡罗兰，马蒂尔达在教堂的窗户上写下的一句话，值得每一个人祷告：“主啊，让我清白无罪，让其他人变得伟大吧！”

现在，我们可以得出结论，每一个人的素质取决于他们内在的体质和幼年时的生活环境；取决于把他们培养成人的家庭幸福与否；取决于他们经遗传得来的性格；取决于他们的生活中所见到的榜样的好坏。考虑这些因素，我们就应该学会对任何人都要仁慈和宽容。

同时，在很大程度上，生活往往是我们自己创造的。每一个心灵都会给自己创造一个小天地。喜悦的心灵会使这个小世界充满快乐，不知足的心灵会使这个小天地充满哀愁。“我的心灵对我来说就是一个王国”，这句话适用于一个君王，也同样适用于一个农夫。一个人可能是他心灵的国王，另一个人可能是他心灵的奴仆。生活在很大程度上只不过是个体自我的一面镜子。我们的心灵在任何情境下、在任何财富状况下，都会反映出自己真实的个性。对于好人来说，世界是美好的；对于坏人来说，世界是腐败的。如果我们的生活观念得到升华，如果我们认为生活中的应有之义是：不懈的努力，高尚的品德，高境界的思想，为自己谋利益的同时也为别人谋利益，那么，生活就将充满欢乐、充满希望，生活也就会幸福。相反地，如果我们把生活看作是自我表现、追求感官快乐和扩大权势的机会，那么，生活就将充满阴谋、充满焦虑和令人沮丧。

我们每个人都必须在自己的生活范围内完成自己的职责。只有职责才是真实的，除了完成生活的职责，世界上再也不存在任何真正的行动。职责是生活的最高目标和目的，在一切快乐中，最真正的快乐来源于对生活职责业已完成的意识。而且，这种快乐是最令人满足的，是最不可能让人后悔和失望的。

当我们完成了尘世间的一切工作，包括那些必不可少的、劳动方面的、爱情方面的或职责方面的工作之后就像丝蚕结成了小茧尔后死去。虽然我们的生命短暂，但是，这是上帝指派的工作，每一个人必须不遗余力地完成这些伟大的目标和目的。当这些工作都已经完成，我们就会感受到肉体的不幸，但是，最终，我们走向了精神的不朽。

端正心态静享生活的宁静

生活有它自身的发展规律，人们因内心的浮躁和诉求而去强行改变它或对它寄予它所完不成的要求，结果带给你的只有失落。

《人性的弱点》

现实中，多数的年轻人认为青春应该是充满激情的，为此，很多年轻人在处世的过程中总是苛求自己尽自己最快的速度完成任务或者达到心中的梦想，最终，让自己陷入痛苦和烦恼之中才发现，很多事情是需要一些耐心的，只有拥有任凭风浪起，稳坐钓鱼台的境界，才能让自己达到既定的目标。

有一位心浮气躁的年轻人到河边去钓鱼，他的旁边坐着一位垂钓的老人。二人相隔而坐，距离很近。然而，令人奇怪的是，老人家不停地有鱼上钩，而自己一整天都没有什么收获。最终，他终于沉不住气说：“我们两个人用的鱼饵相同，地方一样，为何你却能钓到，而我却一无所获?”

老人很从容地说："我钓鱼的时候心平气和，忘记了有鱼，所以手不动，眼也不眨，鱼不知道我的存在；而你心里只想着鱼吃你的饵没有，连眼也不停地盯着鱼，见鱼刚上钩就急躁，心情烦乱不安，鱼不让你吓跑才怪。"

这是在告诫年轻人，钓鱼如同做事，愿者上钩，渠到自然成，你急也好、恼也好，都于事无补。要知道，生活中的很多事情就如鱼竿上的鱼一样，对待它也不可太过急躁，否则，不仅钓不到大鱼，而且还会给你带来一些负面的情绪。

日常工作中，很多人可能都有这样的心境：只要有等着自己去做或者处理的事情，就会马上动手去做，既不认真准备，又不做周密的计划。遇到烦琐的事情恨不得"快刀斩乱麻"，做什么事情都想一下子把问题解决掉，问题一旦解决不了，又极容易产生挫败感，消极沉沦。在这个时候，你也往往听不进去他人的意见与建议，甚至烦躁的心情还会让你对那些提意见的人大发雷霆……感觉自己的神经就像被绷了一根弹簧一样，仿佛永远无法平静下来！

其实，你是完全可以祛除浮躁，平静下来的。你只需要舒缓你自己的情绪，只要心中默默地念道：好，好，慢一点，静下来，不必急。并努力让自己心平气和地坐下来，放松神经，不刻意去思考能扰乱你思绪的问题，让自己的思维随风飘荡，闭上眼睛，让整个人都能感受到一种似有似无，天马行空的感觉之中，或者集中精力听一种声音，比如闹钟的滴答声。等你的精神彻底地松弛下来以后，然后再轻松地想象事情发生的各种场景，将自己置于其中，从而找出最好的处理方法。

对于任何一个人来说，耐心和静心都是可以慢慢地培养的，不要对自己要求过高，也不能过分地苛求他人，理性而积极地认清楚自己，这样才能让自己做出正确的选择与判断。做任何事情的时候，尽量做出计划，同时，也不可让计划过于完备，要预留一些自由度。俗话说："计划赶不上变化"，一个真正周到而有耐心的人，是极为善于在坚持自己的原则之下灵活地变通，这样才能够让自己处于极为平静的状态之下，有条不紊地达成自己的目标。

平和心态，生活始终是美好的

我们所面对的万事万物都有其两面性，关键就在于我们怎样去看待。正确的对待方式是：对不利于自己的方面也不要抱怨不公，更不要去迁怒于人，正视现实，尊重真理。

《人性的弱点》

让我们来看下面这个故事：

有一个人因为琐碎的小事和邻居争吵了起来，争得面红耳赤，谁也不肯让谁。最后，那个人气呼呼地去找牧师，牧师是当地最有智慧、最公道的人。

“牧师，您来帮我评评理吧！我那邻居简直是一堆狗屎！他竟然……”那个人怒气冲冲，一见到牧师就开始了他的抱怨和指责，正要大肆指责邻居的不是，被牧师打断了。

牧师说：“对不起，正巧我现在有事，麻烦你先回去，明天再说吧。”

第二天一早，那人又愤愤不平地来了，不过，显然没有昨天那么生气了。

“今天，您一定要帮我评出个是非对错，那个人简直是……”他又开始数落起那人的劣行。

牧师不紧不慢地说：“你的怒气还是没有消除，等你心平气和后再说吧！正好我的事情还没有办好。”

一连好几天，那个人都没有来找牧师了。有一天牧师在路上遇到了那个人，他正在农田里忙碌着，他的心情显然平静了很多。

牧师问道：“现在，你还需要我来评理么？”说完，微笑着看着对方。

那个人羞愧地笑了笑，说："我现在已经心平气和了！现在想想也不是什么大不了的事，不值得生气的。"

牧师仍然不疾不徐地说："这就对了，我不急于和你说这件事，就是想给你时间消消气啊，记住，不要在气头上轻易说话或者行动。"

在现实的生活中，我们有很多时候会因为某些小事而生别人的气，并指责别人的不是。其实，仔细想想，这些事根本是不值一提的。如果你因某人某事而生气的时候，不妨告诉自己：等一等再说。等到你真正的心平气和时，你会发现自己的动怒是多么得不值得。

生活中不如意不顺心的事情有很多，单纯地抱怨发怒并不能够解决实际的问题，面对不如意不顺心，与其抱怨发怒，不如学着去释然。

在现实的工作与生活中，有时候，我们是可怜的"受气包"和无奈的"变形金刚"，忍无可忍也须容忍，改变自身以求容身。正如法国思想家卢梭所说的那样"忍耐是痛苦的，可它的果实是甜蜜的"。

同样，杯子里只有半杯水了，一个人看见会说："哎，只有半杯水了。"而另外个人则说："啊，还有半杯水呢！"

其实，万事乃物都有两面性，关键就在于我们怎么去看待。对待生活中的那些不顺遂人心愿的事情，我们也不要去抱怨命运的不公，更不要去迁怒于别的人与物。实际上，所谓的宿命论只不过是懦夫的借口，我们每一个人的命运都是掌握在自己的手中的。

的确，一个人面对不顺心的事情所持的心态往往能够决定他一生的命运。积极的心态有助于一个人克服困难，使他看到人生的希望，保持进取的旺盛斗志。消极的心态使一个人沮丧、失望，使他对生活充满了失望甚至是绝望，自我封闭，限制和扼杀自己的潜能。

人生有太多坎坷，在生活的五味瓶里，除了甜，没有什么再是人们向往的了，可酸咸苦辣又是生活中不可或缺的，它们能够丰富我们的人生。人生需要苦难的洗礼，正是因为那些折磨，我们才能在挫折中找到自己的不足，才能逐渐地完善自己。

一时的困难，不会成为你一生的障碍。因此，即使面临困境，你也不可以怨天尤人、不可以逃避，坚持一下，风雨过后总会有彩虹。生命，是苦难与幸福的轮回。只要我们在困难中也能坚守自己，再苦也能笑一笑，再委屈的事情，也能用自己博大的胸怀容纳，那么，人生就没有过不去的坎儿。

当我们通过自己的拼搏与努力走出了生活的阴霾，用乐观的心重新打量这个世界的时候，我们就会发现，原来生活不是不美好，而是我们一直在抱怨中扭曲了生活。我们应该试着去做一个淡然的人，学会与人分享，学会在残缺中品味快乐，在逆境中感受幸福。

没有人不向往一个公平公正的世界，但我们每个人的出生、社会背景、能力各有不同，即使国家搭建了一个公平公正的平台，在生活中，你还是会遇到各种各样不顺心的事情，抱怨与发怒不可能让你获得别人的认可与尊重。面对挫折、不公，与其抱怨与动怒，不如感恩，感谢这些困境，然后发奋图强，相信付出总会有回报的。

安静点，每个老板都是明白人

如果一个雇员看上去对公司的一切都消极不满，那上司就会觉得要叫他满意是难乎其难，甚至认为，他也许该另找乐园。

《思想的光辉》

任劳不任怨者无名，任怨不任劳者无功，职业人在工作上任劳任怨，你的上司心中有数。

在现代职场中，到处都有自以为怀才不遇的人，他们在意名声，在意功劳的归属；他们傲慢、张扬、求胜心切；他们自恋、高调、需要别人的赞扬，乐于邀功请赏。由于过度自信，他们总以为自己的才华高于其他人，很容易产生主导一切的错觉，希望所有人都能顺从自己，然而却从来不懂得设身处地为他人着想。

一个人渴望被肯定的心情是可以理解的，但倘若这种自视清高的情结愈加强烈，发展到不可控制的地步，就会使人迷失自我。俗话说："山外有山。"就算是你是当代最高明的医生，也会有医不了的病症；就算是如来佛祖转世，也会有理不清的是非；就算是爱因斯坦的相对论，也存在着许多有待推敲的部分……试问，你又能拥有多么了不起的才华呢？通常情况下，大部分人只知道好的名声可以得到更多人的拥护，大的功劳可以换来更可观的回报，但却忽略了"树大招风"、"功高盖主"背后的无穷隐患。

麦克效力于一家广告公司，工作非常努力。经过多年的打拼，他很希望自己能够获得公司上级的认可，并且早日晋升到自己满意的位置。只可惜公司内部人才济济，他的愿望始终没能实现。

对此，为公司效力多年的麦克有自己的看法。他认为，自己的上司是个看重权力且控制欲很强的人，喜欢独占功劳；同时又嫉妒贤能，生怕有能力的人得到晋升机会之后，爬到自己头上。每次在公司大规模的策划会上，麦克都觉得自己提出的方案是绝对完美无缺的，可其他的成员却始终不肯举手表示赞同。因此，自己的工作做得再好，也总是与晋升无缘。

长年累月积攒下来的怨气让麦克非常痛苦，更让他无法接受的是，上司甚至没有一个明确针对他的培训计划，似乎也没有想要进一步提升他能力的意图。也就是说，这份工作在麦克眼中已经毫无前途可言。他认为，以自己各方面都很出色的能力，如果继续留在这里，就真是"屈才"了。

于是，麦克终于下定决心离开公司，而上司对此也表示同意，并没有挽留的意思。不过，麦克始终认为，那是他在强颜欢笑。自己走后，上司肯定会非常后悔，会意识到离不开自己。想到这里，麦克带着满意的笑容转身走出了大门。

现实生活中，像麦克这样自以为"才华横溢"的人确实很多。他们每天都拼命地工作，认为自己的表现无可挑剔，甚至替公司领导感叹：“能拥有这样一位优秀的员工是多么幸运的事情呀！”然而，这些自视过高的人，往往过于在乎他人的肯定和赞美，过于介意他人对自己是否足够关注，缺少平易近人的亲和力，也不讲究与同事沟通的技巧，结果导致自己心力交瘁。直到最后离开，还坚持认为只有自己才能把所有事情都安排妥当，还妄想会有人因为失去这样一位优秀的伙伴而伤感，甚至还有空闲琢磨上司后悔的表情。真是可笑！

假如你是个聪明人，就应该明白，人生最大的危险更多时候是来自于自己，只要干出一番事业，就可能会居功自傲，而这样做的下场往往会比无所作为更凄惨。所以，我们要看到功劳背后隐藏的危险，做一个有修养的人。不论多好的事摆在眼前，也要守住自己的本分，不可以摆功卖好。

在工作中，每个人都希望通过努力取得成绩，得到大家的肯定。例如，在销售行业，成为“业绩冠军”就是一种能力的体现。倘若能长期“霸占”业绩排行榜上的第一把交椅，则更是表明能力十分了得；这本来应该是件好事，但对于那些喜欢出风头的人来说，骄人的业绩往往会成为他们与同事交往的障碍，不仅会影响职业生涯的发展，还会对他们的心理造成一定的伤害。

自古以来，只有那些能与他人讲求共赢的人，才能最后收获到成功。我们行走职场，假如锋芒毕露，往往会给自己带来很多不必要的麻烦。相反，那些善于明哲保身的人却能防患于未然。同样，对于一些可能会玷污名誉的事，我们也不应该随意推卸责任，主动承担过错，学会引咎自责，这样才称得上是一个真正的人才。

用积极的态度面对生活

只有对生活抱有希望的人，才会从生活中汲取奋进的动力，也只有用积极的态度面对生活的人才能享受到生活给他带来的快乐。

《快乐的人生》

伟大的心理学家阿尔弗雷德·安德尔通过深入研究人类行为和人类潜能后说："人类的一个最奇妙特征，就是具有把负变正的能力。"

美国联合保险公司业务部有个叫艾伦的人，他一心想成为公司的王牌推销员。

有一天，他买了一本杂志回来阅读，读到一篇《化不满为灵感》的文章时，令他非常振奋，文中作者教导读者，如何利用积极的态度，实现自己的梦想。艾伦仔细地反复阅读，并在心中默念着，或许有一天可以将这个观念灵活运用在工作中。

那一年的冬天，艾伦在工作上遭遇困难时，正巧让他有了试验这个观念的机会。

在寒风刺骨的冬天里，艾伦正在威斯康星市区里沿街拜访，然而，运气不好的他，全都吃了闭门羹。心情烦闷的艾伦，这天晚上回到家后，用餐时间什么东西也吃不下，烦恼地翻看着手上的报纸。

忽然间，一个突来的念头闪过脑际，他想起了《化不满为灵感》的文章，于是兴冲冲地将剪报找了出来，仔细地重温其中的要诀，接着他告诉自己："明天我一定要试一试！"

第二天，他到公司向其他同事报告昨天的情况。当他报告时，其他与他遭遇相同的同事，个个都表现出垂头丧气的模样，只有艾伦精神饱满地说明昨日进度。

最后艾伦做了这么一个结语："放心好了，今天我还要再去拜访昨天那些客户，今天的业绩我一定会超越你们!"

不知道是幸运之神听见了他的呼唤，还是文章里的秘诀真的有效，艾伦真的实现了他的诺言。他又来到昨天到过的那个地区，再度拜访了每一位客户，结果，他一共签下了66份新的意外保险单。

积极的态度，让艾伦为自己创造了辉煌的记录，更让他重新燃起自信心。

这是许多卓越人士所具备的心态，他们常说："采取积极的行动，才能化危机为转机。拥有积极的心态，才能看准机会点。"

生活态度积极的人，内心必定充满活力，即使是突然下起的暴雨，他也认为是上天赐予的甘霖；再大的困难他都不以为然，因为事情再麻烦，他也会笑着说"没关系，小事一件"。

任何问题都会有积极的一面，都包含着创造辉煌的机会。

如果你在工作中遭遇到了问题，不要把它当成是坏事，或者忙不迭地把它推给上司或其他同事去解决。冷静地判断问题可能产生的影响，思考问题发生的原因以及以前是否出现过类似问题，研究导致问题的环境因素，弄清楚这些因素是如何随着时间变化的。对问题作一个前瞻性的预测，看前景会向好的方向发展还是坏的方自发展？然后，开动脑筋思考如何才能把问题转变成一个积极的机会。

一次，新泽西州佩特森市的机械服务公司发生了不锈钢u型螺栓短缺的问题，因为它的供应商——位于新泽西州哈肯萨克市的法森奈尔公司不能及时供货。但基思·格里夫斯，法森奈尔公司的一名员工，却认为这是一个振奋人心的好消息，因为这可给了他一个崭露头角的机会。次日凌晨两点，基思·格里夫斯驾车赶往位于宾夕法尼亚州斯克兰顿市的轮轴中心，早上6:30的时候，他运回了急需的不锈钢u型螺栓。这一举动令翘首以待的客户喜出望外，接下来又促成了更多的生意。自那以后，机械服务公司一直是法森奈尔公司的忠诚客户。

几年前，位于佛蒙特州伯灵顿市的莱诺食品公司，一家为本·杰瑞斯公司供应干面团制作巧克力甜酥饼的公司，由于业务量急剧下滑，有

25%的员工被列入了裁员计划。一群员工自发组织起来，努力寻找扭转危局的办法。最后，他们设计出了一个方案，召集员工志愿到那些临时需要帮忙的本地公司去打工，从中领取相应薪金。

公司同意保留志愿者们的工作资历和福利待遇，并为那些不得不在临时工作岗位上领取较低薪金的人弥补差额。如此一来，没有人需要被解雇了。公司人力资源主管马林·戴利认为，员工们的这一举动“在一个可能发生灾难性后果的时刻，真正起了作用……它将公司所有的成员凝聚成了一个坚强的团队。”

在消极的解决方案中寻找积极的因素。退后一步，或是放长眼光，从而看清局势。权衡各种可供选择的方案，分析其利弊得失，从而确定最佳的行动路径，以及你能执行方案的那一部分内容。朋友，看一看窗外的天空吧！你如果今天过得很窝囊，想想，还有明天，把一切的不如意化为向上的动力，并积极面对往后的每一天，那么，我们便能跃过每一个低谷，永远屹立在生活的最高峰。

五

淡忘失意，彩虹总在风雨后

——忘却让你远离忧虑

是沉沦在自己过去的挫折和失败中，在颓废和自卑中生活；还是坦然忘记所经历的种种磨难和失意，满怀热情地去迎接新的挑战，创造新的生活。这是衡量一个人有无成功潜质的判定标准，失败者把失意当“包袱”，成功者把失意当动力。

乐于忘怀，不让郁闷的事绑架自己

在图书馆、实验室从事研究的人，很少因忧虑而精神崩溃，因为他们没有时间去享受这种“奢侈”。

《人性的优点》

“给自己的心灵洗个澡”这句话乍听起来很幽默，其实它更具深义，就是提醒人们，在清除污垢保持身体外面卫生的同时，也要注意保持身体内部，即心灵的卫生，去掉自卑、失意、忧虑和仇恨等不健康意识对心灵的绑架。

每个人本来都具有充沛的精神活力，但因为某些心理压力，如紧张、失败、挫折等渐渐形成情绪问题。有时反应暴躁，有时反应冷淡，导致心灰意懒，半途而废。为了避免半途而废，培养积极的生活态度，一定要乐于忘怀之道。乐于忘怀，可以使我们真正放下心中的烦恼和不平衡的情绪，让我们在失意之余有机会喘一口气，恢复体力。

乐于忘怀是一种心理平衡。有一句话说的是：生气是拿别人的错误惩罚自己。我们没有必要念念不忘那些不愉快，对于那些人间的仇怨念念不忘，只能被它腐蚀，而变得憎恨和怨怼，甚至导致精神崩溃而陷自己于疯狂。有这样一则故事：

珊莉曾以优异的成绩考取了纽约最好的州立第一女子中学。在初一时，珊莉的学习成绩还行，到了初二，数学成绩一直滑坡，几次小考最高分才得 50 分，珊莉很有些自卑心理。后来发生的一件事，彻底改变了珊莉的人生轨迹。

有一次考试，由于题目难度很大，珊莉得了零分，老师对她非常不满，还在全班同学面前羞辱了她。只见这位数学老师拿起粉笔，叫珊莉立正，非常蔑视地说："你爱吃鸭蛋，老师给你两个大鸭蛋。"老师用粉笔在珊莉眼眶四周涂了两个大圆饼……老师甚至又让珊莉转过身去面对全班同学，全班同学哄笑不止。然而老师并没有就此罢手，他又命令珊莉到教室外面，在大楼的走廊里走一圈再回来，珊莉不敢违背，只有一步一步艰难地将漫长的走廊走完。这件事情使珊莉丢了丑，她从此不肯踏进校门一步，整天躲在家里自己的小屋内，不肯出来见人，因而患上了少年自闭症。

少年自闭症影响了珊莉一生，在她成长的过程中，甚至在她长大成人之后，她的性格变得脆弱、偏颇、执拗、情绪化。对于12岁时的丢丑事件念念不忘，使珊莉形成了压抑的性格，也是造成她一生悲剧的根源。如果她能忘怀，恐怕就能幸福快乐地过一生。

从这个意义上说，对于一些不愉快的往事和不值得一提的小事，以及没有意义的琐事，我们就应及时地忘掉，别放在心上，以免伤害自己。同时，只有既往不咎的人，才可甩掉沉重的包袱，大踏步地前进。

原谅别人就是解脱自己

我们绝大多数人达不到圣人的高度，无法去爱我们的仇敌，但为了自己的健康和快乐，至少我们要原谅他，忘记他，这是可以做到的，而且这也是明智之举。

《智慧的锦囊》

我曾经有一次遇见过艾森豪威尔将军的儿子约翰，我曾经问过他："您是否听说过你父亲曾与什么人结怨或对谁因恩怨而耿耿于怀的事或人？”他回答说：“没有，因为他从来不浪费一分钟想他不喜欢的人。”

在叔本华看来，生命只是一项毫无意义又令人痛苦的冒险，人的全身都是痛苦的。但是，在绝望的深处，叔本华却认为：“要是可能的话，无论发生任何事，都不要怨恨任何人。”

忘记伤害过自己的人的有效方法，就是让自己做一些超出自己能力的理想中的事情。这样的话，曾经的侮辱和敌意就显得无关紧要了，因为我们没有时间计较理想之外的事情。举个例子可以说明。

1918年，密西西比州树林里曾发生一件可怕的事情，差点引发了一场火刑，黑人讲师劳伦斯·琼斯差点被烧死。几年前我到劳伦斯·琼斯创建的一所学校发表了一次演说，有幸听到这个故事。

“一战”时候的人比较冲动。密西西比州中部盛传着这样的谣言：德国人正唆使黑人起来叛变。劳伦斯·琼斯被人控告，说他激起族人的叛变。有白人在教堂外面听他讲道，他大声说：“生命就是一场搏斗，每个黑人都应穿上盔甲战斗，为了更好的生存和发展。”

“战斗”、“盔甲”就是铁证。一些年轻人趁着黑夜纠集了一大群人，然后到教堂捆住了这位教士，把他拖到一英里外的荒野里，吊在一大堆干柴上面，最后点燃了干柴。眼看就要烧死他了，一个年轻人说话了：“烧死他之前，让这个好说话的人说说话。”

站在柴堆上，脖子上套着绳圈，劳伦斯·琼斯为自己的生命和理想发表了一番演说。他1907年毕业于爱荷华大学，因心地善良、博学多才及在音乐方面的天赋赢得老师和同学的喜爱。毕业后他谢绝了一家酒店的职位，还谢绝了别人资助他到音乐学院深造的美意。他有更崇高的理想。他读完布克尔·华盛顿的传记时，就决心把自己的一生都奉献给教育事业，教育那些因贫困而无法上学的黑人孩子。他就这样回到了贫瘠的南方，密西西比州杰克镇以南25英里的一个小地方，用自己的手表当了6毛5分钱，以苍天为教室，以树桩为桌子，开始了他的教学生涯。

劳伦斯·琼斯将自己的经历讲给那些愤怒的纵火者，他说自己所做的一切就是为了教育没钱上学的男孩和女孩，把他们训练成优秀的农夫、机匠、厨子、家庭主妇。他还说，曾有许多白人协助他建立学校，比如说送他土地、木材、牛和钱。

事后，人们问劳伦斯·琼斯对那些想吊死和烧死他的人是否怨恨。他的回答让我们敬佩，他说："我太忙了，很多理想等着我去实现，根本没有空余时间怨恨别人。"他所有的心思，都花在那项超出他能力的伟大事业上了。"我根本没时间跟人吵架，也没有时间后悔。谁也不能强迫我低下到怨恨他人的地步。"

事发当时，琼斯用很诚恳的态度讲述这些事，着实令人感动。自始至终，他没哀求一声，只是想让别人了解他的想法。那些想烧死他的人也为之动容。人群中有个曾参加过南北战争的老兵说："我相信他所说的话，他提起的一些白人有我认得的。他确实是在做好事，是我们错了。我们应该帮他而不是烧死他。"老兵说完摘下自己的帽子，帽子在大家手中传递，这些曾经想烧死这个教育家的人，捐献出了 52 元 4 毛钱，都交给了琼斯。

早在 1900 年前，依匹克特修斯就说过，种因得果，命运都会让我们为自己的过错付出代价。"谁都要为自己的果实付出代价。知道这个道理的人就不会跟人生气，跟人吵架，更不会辱骂别人，斥责别人，触犯别人，怨恨别人。"

小时候，全家聚在一起祷告时，家人都会从《圣经》里挑出一章一句来诵读，然后全家一起跪下来念。现在我仿佛仍然能听到，在我老家密苏里州一栋孤寂的农庄里，父亲诵读基督的箴言，那些有关只要人有理想就不停诵读的话："爱你们的仇敌，善待敌对自己的人，祝福诅咒你的，为凌辱你的人祷告。"父亲是这么做的，这让他的内心有着君王和将官也无法得到的平静。

要是你想有一个平安快乐的心情，那就记住这条原则：永远不要试图报复仇人，否则我们就会让自己受到极大的伤害。我们要学习艾森豪威尔将军，不浪费一分钟时间想那些我们不喜欢的人。

厄运只是暂时的

人的一生难免会遭遇祸患，但这只是月圆和月缺，是一个阶段，不会是长久的，我们不必为月圆而喜，为月缺而悲。

《人性的弱点》

娜赫玛是一名出色的教师，马诺哈尔是一位天才的科学家。两人在绘画方面都才华横溢。他们是幸福的一对，有一个美丽可爱的女儿。他们到各地旅游，广交朋友。无论在哪里，欢笑都伴随着他们。然而一场车祸改变了一切。

娜赫玛在车祸中受了重伤，肩以下终生瘫痪。她不得不服用很多对大脑有损害的药物，忍受感染、褥疮和身体痉挛的折磨，每天 24 小时离不开人。

这个家庭祸不单行，车祸后不久，马诺哈尔的视力开始变坏，经诊断，他患上了视网膜色素变性，患这种疾病的人视力会逐渐衰退，而人类尚没有找到治疗方法。

虽然娜赫玛、马诺哈尔夫妇很难接受新生活，但他们没有自暴自弃，相反，他们不离不弃，相互扶持，打开了通向新生活的大门。

30 多年来，马诺哈尔是妻子最好的护士和服务员。从治疗过程的每个细节到把她从汽车里抬出来时轮椅应该倾斜的角度，他都知道得一清二楚。他为自己推轮椅上楼梯的绝活而自豪不已。对他来说，这是了不起的技能，因为他看不到台阶、甚至看不到轮椅，完全凭感觉。

娜赫玛在家里为学生开设了英语口语课，并编写儿童读物。她参加了好几个妇女组织，并为数家慈善公司筹款。她不间断地接受治疗，并渐渐学会了用肩膀肌肉写字。

后来，马诺哈尔出版了自己的第一本书《绿泉年华》，书中他充满深情地记录了自己的青春岁月。

书中精致的钢笔插图是他自己的手笔。他没有颜色感知能力，只能看到常人通过针孔看到的一点点东西。绘图时，他用特殊的眼药水扩大瞳孔，使用超强的光线和特殊的放大镜，戴着手套，因为强光使他的手出汗，汗水会把画弄脏。他用相机一般精确的记忆力、远远超出常人的毅力，完美地完成了工作。

每年，他们都一起制作明信片。马诺哈尔负责画图，娜赫玛负责写文字，为他画的大楼、雕塑或者风景作解说。他们出售明信片，销售所得全部捐献给慈善机构。

他们积极生活，享受生活的一点一滴。他们一起看日升日落，品尝精致的菜肴，欣赏音乐，招待客人，享受骤起的微风带来的清凉。

现在，马诺哈尔已经出版了 3 本书，正在写第四本。娜赫玛仍然参加慈善团体的筹款工作。

我们的感情很脆弱，面对厄运，我们会痛苦、自怜甚至怨天尤人；我们都有一颗叛逆的心，面对不公，我们会反抗、拒绝甚至挥拳相向。但马诺哈尔夫妇却向我们展示了另一种力量：接受命运。接受命运不是屈服，不是漫不经心和无精打采。它是一种结合了理解、谦卑和坚强的力量。它让你把身体的疼痛和心灵的悲伤抛在脑后，关注自己力所能及的事；它让你远离懊悔、愤怒和仇恨，享受和珍视生活的点点滴滴、生命的每时每刻。

只要我们拥有这种力量，无论厄运的风暴把生命之舟吹到什么样的荒岛，我们都能以主人的姿态上岸。

没有哪一艘船能保证永远不受伤

我们的人生，就像在大海里航行的船，只要你不抛锚，不停地去远行，那么你就不会不遭遇风暴，不会永远也不遭受损害而受伤。

《思想的光辉》

在看着悠久造船历史的西班牙港口城市巴塞罗那，有一家著名的造船厂，这个造船厂已经有1000多年的历史。这个造船厂从建厂的那一天开始就立了一个规矩，所有从造船厂出去的船舶都要造一个小模型留在厂里，并把这只船出厂后的命运刻在模型上。厂里有房间专门用来陈列船舶模型。因为历史悠久，所造船舶的数量不断增加，陈列室也逐步扩大，从最初的一间小房子变成了现在造船厂里最宏伟的建筑，里面陈列着将近10万只船舶的模型。

所有走进这个陈列馆的人都会被那些船舶模型所震慑，不是因为船舶模型造型的精致和千姿百态，不是因为感叹造船厂悠久的历史和对于西班牙航海业的卓越贡献，而是被每一个船舶模型上面雕刻的文字所震慑！

有一只名字叫西班牙公主号的船舶模型上雕刻的文字是这样的：本船共计航海50年，其中11次遭遇冰川，有6次遭海盗抢掠，有9次与另外的船舶相撞，有21次发生故障抛锚搁浅。每一个模型上都是这样的文字，详细记录着该船经历的风风雨雨。在陈列馆最里面的一面墙上，是对上千年来造船厂的所有出厂的船舶的概述：造船厂出厂的近

10万只船舶当中，有6000只在大海中沉没，有9000只因为受伤严重不能再进行修复航行，有6万只船舶都遭遇过20次以上的大灾难，没有一只船从下海那一天开始没有过受伤的经历……

现在，这个造船厂的船舶陈列馆，早已经突破了原来的意义，它已经成为西班牙最负盛名的旅游景点，成为西班牙人教育后代获取精神力量的象征。

这正是西班牙人吸取智慧的地方：所有船舶，不论用途是什么，只要到大海里航行，就会受伤，就会遭遇灾难。

如果因为遭遇了磨难而怨天尤人，如果因为遭遇了挫折而自暴自弃，如果因为面临逆境而放弃了追求，如果因为受了伤害就一蹶不振，那你就大错特错了。人生也是这样的，只要你有追求，只要你去做事，就不会一帆风顺。

我们的人生，就像大海里的船舶，只有不停止地航行，就会遭遇风险，没有风平浪静的海洋，没有不受伤的船。

记住该记住的，忘记该忘记的

我们要学会淡忘那些在我们的生活中没有积极意义的不良信息，学会保持自己的心理健康，不为烦恼所伤，面对宠辱处之泰然，这样才能获得幸福的人生。

《思想的光辉》

在每个人的大脑里，都储藏有大量的生活记忆，但我们敢说，在诸多的记忆里，有两类最多，一个是美好，一个是仇恨，而且，往往是仇恨比美好记的更牢，更永久，其实，这种现象是不利于人生的。

对于过去的错误，我们不应该耿耿于怀。《坛经》上说“改过必生智慧，护短心内非贤”，意思有两个，一个是说知错能改善莫大焉，另一个就是让人们不要总停留在过去，过去的成功也好失败也罢，都不能代表现在和未来。

人的一生由无数的片段组成，而这些片段可以是连续的，也可以是毫无关系的。说人生是连续的片段，是因为人的一生平平淡淡，周而复始地过着循环往复的日子；说人生是不相干的片段，是因为人生的每一次经历都属于过去，在下一秒我们可以重新开始，可以忘掉过去的不幸，忘掉过去的不如意。

阿拉伯著名的作家阿里，有一次和好友吉伯、马沙一同外出旅行。三个人经过一个山谷时，马沙失足滑落，眼疾手快的吉伯一把抓住了他的衣襟，把他救了上来。为了永远记住吉伯的这一恩德，心中充满感激之情的马沙在附近的大石头上用刀刻下了一行字：“某年某月，吉伯救了马沙一命。”

三人继续前行，过了几天来到了河边。这时候由于长途跋涉的疲劳让他们的心情变得烦躁，于是吉伯与马沙为了一点小事争吵了起来，吉伯一气之下打了马沙一耳光，马沙被打得眼冒金星，但是他没有还手，而是一口气跑到沙滩上，用很大的力气在沙滩上写了一行字：“某年某月某日，吉伯打了马沙一记耳光。”

旅行很快结束了，回到家乡，阿里怀着好奇心问马沙：“你为什么要把吉伯救你的事刻在石头上，而把他打你耳光的事写在沙滩上呢?”

马沙平静地回答：“我将永远感激并且永远记住吉伯救过我的命，至于他打我的事，我想让它随着沙子的运动忘记得一干二净。”

很多人都会为了过去的事情而耿耿于怀，甚至抑郁寡欢。其实，那些都是陈年旧账了。如果为此所困，始终不开心，常年处于负面、阴暗的心态中，就会严重损害身心健康。岂不知，有的事情须刻骨铭心，永世不忘；有的事情则要尽快淡忘。所谓事来则应，事去则净。我们应淡忘人生中的挫折与不幸，淡忘流言蜚语，淡忘冷遇和种种烦恼，这样才能摆脱往事的阴影，保持随缘常乐的状态。否则，如果纠缠于昔日的痛苦中，时间长了，就会对身心造成伤害，导致疾病。

人生短暂，不要为了过去的痛苦而耿耿于怀，自己伤害自己。对我们最有害的是怀恨、不满和烦恼，如果把这些不良的情绪都融化掉，甚至可以治愈癌症。我们应该对过去网开一面，宽恕所有的人。宽恕别人就是爱护自己，世上最有力量的是宽恕，是慈悲。拥有平常心的人能够淡忘不快，抛开烦恼，使自己的生活充满祥和与友爱。

别人对自己的恩德，我们应该铭记于心，而自己对别人的恩德则应该淡忘，正所谓“人对我有恩不可忘，我对人有恩不可不忘。”因为念念不忘所施之恩，就意味着时刻期待别人的回报，其心态近似于放高利贷者。我们一定要有“虽行布施而不求回报，作而不执”的智慧，这样就能渡过烦恼的激流，到达无忧、安乐的彼岸。

对错怪或伤害过自己的人，我们的心灵不要被忌恨、烦恼所蒙蔽，怒火中烧、烦恼怨恨，因为这样对自己比对他人所造成的伤害，将有过之而无不及。因此，即使在不如意的环境中，也要努力营造一个充满欢乐与友爱的氛围。回想我们所恨的人的优点，念及他曾做过的一些好事，这样去想和做，怒气可能就会缓和下来，烦恼会烟消云散，心中会充满慈悲。

消除忧虑的灵丹妙药

在我们清理房间的时候，会把一些用过的、破的、脏的、对生活已毫无用处的废弃物清除掉，同样，烦恼和失意也是我们身上的废弃物，同样有必要适时地把它清除掉。

《人性的优点》

曾任英国首相的劳伦·乔治，在和朋友散步时，每经过一道门，都要随手把门关上。

“您可以不必关门。”朋友微笑着告诉他。

“哦，是的。”乔治若有所思地说，“我这一生却始终都在关我后面的门。要知道，当我把门关上，也就将烦恼留到了后面。这样，我就能轻松前行。”

乔治的回答似是答非所问，但细细品味，它却蕴含了深刻的人生哲理。“随手关门”，能让我们摆脱烦恼，走出困境，轻装上阵，重上征程。

一位记者曾和朋友一起出差，在途中朋友不慎将包丢了，钱包和高档相机都丢了。更令他心疼的是，他多年来利用业余时间花费了大量心血准备的参加考研的一些珍贵资料也被弄丢了。他一下子脑门儿汗都冒出来了。可没一会儿工夫，他却平静如水。看朋友们替他急得不知所措的“现场直播”，他反倒哈哈大笑起来。大家不解其意：真是的，他还在乐呢，好像丢东西的不是他！我们替他“烦”，他倒成了与之无关的局外人。于是，记者便生气地对他大声喊道：“你这个家伙是不是脑子有毛病？钓鱼的不急，背篓的却在那儿一个劲儿地干着急，这算是哪家子的道理?”没想到朋友的回答却让他啼笑皆非:“留得青山在，何愁没柴烧?我不乐你还想叫我哭吗?难道我一恼，问题就解决了?难道我一恼，丢失的东西就找到了?”

是啊，如果细细地回味，朋友的话的确也不无道理。不是吗?东西反正也不见了，什么急啦气啦怨啦，都是无济于事的。否则，只能是火上浇油，丢失了的东西不仅找不回来，反而还损失了一份好心情，这叫“赔了夫人又折兵”，怎么也是不合算的，还不如心平气和，保持一个良好的心境，兴许还能采取一些补救措施，或许还能“亡羊补牢”呢。

烦恼并不可怕。我们只要善于做到“随手关门”，就能及时地把烦恼抛给昨天，就无须负重，而是轻松地走出生活的迷途，从而笑对人生，洒脱地走向幸福快乐的明天。

在人生的旅途中，常常要“随手关门”，把烦恼挡在门外，洒脱地前进。有道是“眼不见，心不烦”。如果你眼里没烦恼，烦恼自己是找不到你家门的。

一天，一个病人双目红肿，泪流不止，神情忧虑，前来就医。大夫详诊细察，询问了发病经过后，说:“依我看，你这眼病只需几剂药便能治好，但眼病医好七天后，你的两只脚心会长出恶疮，那倒是关乎性命的。”

病人大惊，恳求治疗。大夫告诉他:“惟有一法，你当按此法而行，即每天睡前和晨起后，用手搓两脚心各360次，一次不少，如此坚持，方能渡过难关。”病人对此话深信不疑，便诚心诚意地依法而行。

七天过去了，果然，眼睛好了，脚心也没长出恶疮，精神也显得很清爽。

病人去向大夫求教道谢。大夫笑着告诉他:“你的眼病其实是忧虑所至。用些药，你不去想它自然会好。但你这人心事较重，且眼睛疼痛不由你不想。我说要长危乎性命的恶疮，你自然就不去注意眼睛了，揉搓脚心只不过是降火定神、补肾强身。这样注意力转移了，心病一去，眼病也就好了。”

心病还须心来医。表面的症状正反映内心的状态，名医治病，向来不拘成规，那么，人生是不是也应该放开去想事情呢？毕竟，头痛医头，脚痛医脚是权宜之计，应适时关门，把烦恼留在门外，丢到脑后。

从宽容中显示出伟大的情操

用宽容的态度去对待你的“敌人”，这样就会表现出你的与众不同之处，也正因为你闪光的人性，使你得到别人的信任和敌人的佩服，这样你就既赢得了他们的心，也取得了最高层次的胜利。

《智慧的锦囊》

从一个人有无气量即知一个人有无成功的潜力，那么怎样才能看出一个人有无气量，从什么地方能看出他的气量呢？

林肯当选为美国总统后，他对政敌的态度引起了一位官员的不满，这位官员批评林肯说，你为什么试图跟那些敌人做朋友？你应该想办法去打击他们，去消灭他们才对。”林肯平静而温和地说：“难道我不是在消灭我的敌人吗？当他们变成我的朋友时，就没有敌人存在了。”

面对“敌人”，大多数人的看法是毫不留情地把他消灭掉，因为对敌人的仁慈，就是对自己的残忍。这话听起来很有道理，但事实并非绝对如此，正如一位哲人所说的：“我们的成功，也是我们的竞争对手造成的。”所以在一定的情况下要像林肯那样，用宽容的眼光去对待“敌人”，用宽容来“消灭”他。

在怎样消灭敌人这件事情上，还有一个人的做法与林肯较为相似，这个人就是拿破仑。

拿破仑对面前的任何障碍都狂怒异常，对待任何胆敢抗拒他的意志的人都严厉无情，可当他获胜时这种态度就全然改变了。他对败军的态度是极为宽容的，他真诚地怜悯他们。他经常对手下的人说：“一个将领在打了败仗那天是多么可怜！”

有两名英军将领从凡尔登战俘营逃出，来到布伦。因为身无分文，只好在布伦停留了数日。这时布伦港对各种船只看管甚严，他们简直没有乘船逃脱的希望。

对家乡的热爱和对自由的渴望促使这两名俘虏想了一个大胆而冒险的办法，他们用小块木板制成一只小船，准备用这只随时都可能散架的小船横渡英吉利海峡。这实际上是一次冒死的航行。当他们在海岸上看到一艘英国快艇，便迅速推出小船，竭力追赶。他们离岸没多久，就被法军抓获。

这一消息传遍整个军营，大家都在谈论这两名英国人的非凡勇气。拿破仑获悉后极感兴趣，命人将这两名英军将领和那只小船一起带到他面前。他对于这么大胆的计划竟用这么脆弱的工具去执行感到非常惊异，他问道：“伯：们真的想用这个渡海吗?”“是的，陛下。如果您不信，放我们走，您将看到我们是怎么离开的。”

“我放你们走，你们是勇敢而大胆的人。无论在哪里，我见到勇气就钦佩。但是你们不应用性命去冒险，你们已经获释，而且，我们还要把你们送上英国船。你们回到伦敦，要告诉别人我如何敬重勇敢的人，哪怕他们是我的敌人。”

拿破仑赏给这两个英军将领一些金币，放他们回国了。

许多在场的人都被拿破仑的宽宏大量惊呆了。只有拿破仑知道，他的士兵们将从这番话中受到怎样的鼓舞，他的人民将如何赞扬他的宽容无私。他似乎已经听到了士兵们震天的呼声以及巴黎激动的口号。

坚信人生没有走不过去的路

人生没有过不去的坎，抛弃痛苦，忘却忧愁，从容地生活，才会享受生命的本身，生活在自己面前也才会展现一片豁朗的天空。

《人性的优点》

在人生的旅途上，没有谁能一帆风顺，坎坷总是伴随着始终。人生中不会缺乏磨难，不会没有艰辛。人生里总会有困难的时候，总需要我们去面对，我们应该告诫自己，人生没有走不过去的路，没有跨不过去的坎。当生活喂给我们一颗苦果时，我们应该去品味苦难之后回归的甘甜，去咀嚼出生活中的每一丝滋味。

著名的凯勒小姐在出生后 18 个月的时候就失聪失明成了个聋哑人，然而却奇迹般地走完了一生。

海伦·凯勒 1880 年出生于亚拉巴马州北部一个叫塔斯喀姆比亚的城镇。在她一岁半的时候，一场重病夺去了她的视力和听力，接着，她又丧失了语言表达能力。然而就在这黑暗而又寂寞的世界里，她竟然学会了读书和说话，并以优异的成绩毕业于美国拉德克利夫学院，成为一个学识渊博，掌握英、法、德、拉丁、希腊五种文字的著名作家和教育家。她走遍美国和世界各地，为盲人学校募集资金，把自己的一生献给了盲人福利和教育事业。她赢得了世界各国人民的赞扬，并得到许多国家政府的嘉奖。

一个聋盲人要脱离黑暗走向光明，最重要的是要学会认字读书。而从学会认字到学会阅读，更要付出超乎常人的毅力。海伦是靠手指来观察老师莎莉文小姐的嘴唇，用触觉来领会她喉咙的颤动、嘴的运动和面部表情，而这往往是不准确的。她为了使自己能够发好一个词或句子，要反复地练习，海伦从不在失败面前屈服。

从海伦7岁受教育，到考入拉德克利夫学院的14年间，她给亲人、朋友和同学写了大量的信，这些书信，或者描绘旅途所见所闻，或者倾诉自己的情怀，有的则是复述刚刚听说的一个故事，内容十分丰富。在大学学习时，许多教材都没有盲文本，要靠别人把书的内容拼写在她手上，因此她在预习功课的时间上要比别的同学多得多。当别的同学在外面嬉戏、唱歌的时候，她却在花费很多时间努力备课。

海伦用顽强的毅力克服生理缺陷所造成的精神痛苦。她热爱生活，会骑马、滑雪、下棋，还喜欢戏剧演出，喜爱参观博物馆和名胜古迹，并从中得到知识。她21岁时，和老师合作发表了她的处女作《我生活的故事》。在以后的60多年中她共写下了14部著作。

海伦所遇到阻难是旁人所无法想象的，生活给她架上一道坎，她用对生活的热情与勇气努力跨过。人生中，没有过不去的坎。任何困难都会过去的，咬咬牙，都会看到新的曙光迎接你的，不要在阴影中后悔和痛苦。

生活中我们不必去乞求，也不可能总是阳光明媚的艳阳天，狂风暴雨随时郡可能莅临。但只要我们有迎接厄运的勇气和胸怀，在低谷和挫折面前不低头，跌倒了再生新爬起来，将自己重新整理，以勇敢的姿态去迎接命运的挑战，只要我们坚信人生没有过不去的坎，就能迎来人生的辉煌。

美国有一种叫“琼斯乳猪香肠”的美食，可谓是家喻户晓。而在它的发明背后还有一段催人泪下的与命运作斗争的故事。琼斯是该食品的发明人，他原来在威斯康星州农场工作，当时他的家人生活比较困难，但他身体强壮，工作认真勤勉，也从来没有妄想发财。可天有不测风云。琼斯在一次意外事故中瘫痪了，躺在床上动弹不得。很多人都认为这下他这一辈子可交代了，然而事实却出人意料。

琼斯身残志坚，始终都与命运作着斗争。虽然他的身体瘫痪了，但他的意志却没有受到丝毫影响，依然可以思考和计划。他决定让自己活得充满希望和乐观、开朗些，他决定做一个有用的人，他不想成为家人的负担。他思考多日，最终把构想告诉家人："我的双手虽然不能工作了，但我要开始用大脑工作，由你们代替我的双手，我们的农场全部改种玉米，用收获的玉米来养猪，然后趁着乳猪肉质鲜嫩时灌成香肠出售，一定会很畅销！"

正所谓："天无绝人之路"，生活丢给我们一个难题，同时也会给我们解决问题的能力与机会。琼斯之所以能够获得成功，就是因为他坚信人生没有过不去的坎，坚信冬天之后有春天。在困难面前，他没有低头，没有被挫折吓倒，而是另辟蹊径，终于迎来了属于自己的成功。

所以，无论面对的是怎样的生活景况，无论生活带给自己的是什么样的痛苦和忧愁，请记住一句话，影响我们生活的不是处境，不是我们的身份，而是我们的心境。

要让心情保持永远的畅快

如果有个柠檬，就做柠檬汁。

《快乐的人生》

忧虑是人类所具有的最大弱点之一，它是心情畅快的大敌，但要追溯忧虑的根源，无疑是一些失意，担心和悔恨，如果这些根源或是记忆或是忘记都改变不了它的存在的话，记忆就不如忘记让人轻松。

谁都希望天天拥有一分好心情，但在现实生活中，却常常被各种各样的痛苦与烦恼所包围，不自觉地让坏心情左右自己。

失恋，被老板炒鱿鱼，生意赔钱，股票套牢，人脉紧张这些都会使一个人变得忧虑。有时一件鸡毛蒜皮的小事，也会让人烦恼、忧郁、愁眉不展。契诃夫的小说《一个公务员之死》写的就是一个公务员为一件小事整天担心和忧虑，最后因忧郁而死的故事。这就是坏心情不能及时排遣的恶果。

坏心情是有害的。首先，它会损坏人们的健康。坏心情会使女人老得更快，会使男人的表情难看、皱纹增多、头发脱落，会使人们得糖尿病、抑郁症，甚至精神崩溃，它也会缩短人们的寿命。得过诺贝尔奖的医学博士亚力西斯·柯瑞尔说："不知道怎么抗拒忧虑的人，都会短命。"

坏心情也会降低生活质量，影响工作效率，还会破坏和谐的人际关系。古语说："一人向隅，举座不欢。"一个人整天垂头丧气，周围的人也很难高兴起来。

一位心理专家说："烦恼是具有最大破坏性且不利健康的心理恶习。"

因此，必须战胜坏心情，摆脱坏心情的纠缠。

现在有一些年轻人有一种排解坏心情的办法，叫做"情绪化消费"。一位叫丽达的女孩子，接到男友分手的电话后，她什么也没说，下班后逛遍了临近的大商场，不管有用没用，买了不下1万元的衣服。回到家把买来的东西丢到柜子里，抱着毛绒玩具痛哭一场。另一个男青年霍恩，被公司辞退的当夜，满腹委屈地跑到最豪华的酒店，要了最昂贵的洋酒，喝了一个通宵，然后被送到医院，花了一生中最多的一次医药费。

……总之，当自己有坏心情时，一定要想方设法化解它，但不能采取像丽达和霍恩那样的做法：原来的愁闷不但没去掉，反而添了新的心病。像霍恩，清醒后他的第一个感觉就是：我冒的是什么傻气呀？别的不说，光在医院的那一天一夜扔出去的就有两万美元，为这件事一年没睡过好觉。每当想起冒傻气的事儿，肠子都快悔青了。这种代价太高了，图了一时痛快，弄得自己“财政”出现严重危机，实在是划不来。这种“情绪化消费”方法不值得采纳。

其实，要化解坏心情，最好的办法就是以一种很超然、很客观的心态对待坏心情。要学会自我安慰，不要长久地陷在已经发生的不幸事件中，要多想那些能令人心情愉快的事。要明白这样一个道理：“烦恼与欢欣……，仅在一念之间”，“自寻烦恼者永远也不会寻不着烦恼”。

有的人能将坏心情变为好心情，是因为他们知道，事实是现实存在的，人不可能熟视无睹，说没有就没有，但心情是可以自己掌握的。好比自己口渴了，有人端来一杯水。如果想破坏自己的好心情，那就可以生气地说：“太小气了，为什么不给我买一听饮料？”如果想快乐，就会很高兴地想：终于有一杯水可以解解渴了。这样就会感谢对方，不仅自己心情快乐，对方心情也会快乐。

就像上面案例中的丽达失恋了，霍恩被辞退了，他们心情很坏，怎么办？她疯狂购物，他借酒浇愁；她大哭一场，他大病一场……这些都无济于事。

如果他们不能调整自己的心态，不能豁达地应对遇到的挫折和困难，即使想出任何办法也无法使他们摆脱烦恼。

美国《时代》周刊登过一篇文章，谈到第二次世界大战时，有个士官被炮弹碎片剐伤喉咙，输了七筒血。他写了张纸条问医生：“我会活下去吗？”医生回答：“会的。”他又问：“我还可以讲话吗？”医生回答：“可以。”于是那个士官在纸上写道：“那我还有什么好担心的？”

其实，自己也可以对自己说：“我还有什么可烦的？不就是那么一回事儿吗？”

我曾说过，在生活中，约有百分之九十的事是好的，百分之十的事是不好的。如果想过得快乐，就应该把精神放在这百分之九十的好事上面；如果想担忧、操劳，或者得肠胃溃疡，就把精神放在百分之十的坏事情上。

印度大文豪泰戈尔说：“世界上的事最好是一笑了之，不必用眼泪去冲洗。”英国大戏剧家莎士比亚说：“我愿意扮演一个小丑，在嘻嘻哈哈的欢笑声中老去；我宁可用酒温暖胃肠，也不用悲哀的呻吟声去冰冷自己的心。”

六

自强不息，在生活中做最棒的自己

——自信与自强是成功的内驱力

在现代社会，虽然为每个人都提供了平等的发展机会，但是这并不意味着每个人都能成功，因为，机会均等，困难和坎坷也是相同的，只有那些志向远大、意志坚定、不怕困苦、自强不息的人才能有望成为成功者。

学会喜欢你自己

假如你能始终保持“我是最好的”感觉，你会觉得自己能在为自己的事业而奋斗中有如神助，任何困难都将为你让路。

《人性的弱点》

你觉得自己的身材、容貌怎么样？浴室的镜子、街头的商店橱窗、公司的隔间镜墙，想想看，上次你瞥见自己时，感觉如何？你注意到什么“缺点”吗？当你止步细看镜中自己的身影时，你是否会微笑地说：“嘿！你看上去挺不赖的！”还是会立刻把注意力集中在某个不太对劲的地方？我们为自己的外表耗费了太多的精神，并因此埋伏下这个最耗元气的祸根。有这么一段话说：“我们每个人都携带着一面变形镜，只要一抬腿，便会看见自己个子太小或太大了，身材太胖或太瘦了，包括平常逍遥自在、无疮无疤的你也不例外。一旦你能将这面镜子粉碎，自我的完整、生命的喜悦便都成为可能。”

当你有了烦恼，冷静想想，就不难领悟，作为一个人的价值并不在于他看起来有多吸引人。然而，尽管成大事者尽量要把自我的价值和外表两件事情分开，偏偏又会不由自主地把自己和别人做比较，尤其是电影和广告中那些有着完美无瑕的皮肤、诱人的身材及古典的五官的俊男美女。很多时候我们用来评定自己的价值标准还是初中时代学来的那一套“这个人长得漂亮，人缘很好，那个人傻里傻气，毫无吸引力”之类。你可能没有忘记当别人取笑你的牙齿矫正器、眼镜、衣服、雀斑、体型或运动上的笨拙迟钝时的滋味，随着年龄的增长，我们可能逐渐摆脱青少年时代那种不够雅观的体态，然而你曾经被形容过的“大板牙”、“四眼鸡”、“小肥猪”等等字眼，似乎就像烙印一样永远留在心头，挥之不去。

时间一年年的过去，衰老的恐惧让我们又陷入另一个困境。男人开始恐惧日渐后退的额头发线、圆鼓鼓的肚皮。女人最感到受威胁的似乎是皱纹、毛孔、白发。在岁月中不断变化的面貌没有人去尊重，人们都活在不切实际的“非此即彼”的价值标准中。我们要不是看起来很年轻，那就是“老”了；我们要不是瘦得可怜兮兮的，那就是太胖了；我们要不是肌肉结实，一副运动健将的样子，那就是“太没样子”了；我们若不是穿最新流行的服装、剪最时髦的发型，那就是太邋遢落伍了。

这种问题又常常会与昔日的负伤经验结合。如果你的父母早先常贬损或嘲笑你“不够淑女”的走路姿态、穿着、发型等，你可能会在自己衣着比较随便时，觉得提心吊胆；一个男人，如果小时候被人取笑有点“娘娘腔”，以后他对比较花俏或颜色鲜丽一点的衣服就常常是敬而远之；如果你被美发师或服装店员开过玩笑，每当你要去理发或买新衣服的时候，心里的怯意就会油然而生。

即使长得漂亮的人也可能对自己的容貌缺乏自信心，一位心理学家曾有这样的一位病人，他是全世界知名度最高以及最高薪的男模特儿之一。这样一个男人却对别人投向他的目光恐惧万分。值得注意的一件事是，他和女人约会时，常常感到自己很无趣，很紧张，就因为他脸上有个小得难以觉察的疤痕。尽管他接受过那么多赞美的眼光，他还是惶惶不安，认定别人会因为这个疤而给他不好的批评。

就像许多把自我价值建立在外表上的人一样，这个模特儿所受的罪就是被定名为“漂亮家伙的病”这种恐惧症——害怕自己外表上丝毫的缺点会立即使别人对他大失所望。照镜子的时候，他忍不住要盯住自己这个细微的缺点看，而且无论怎么努力也无法挥去恐惧，惟恐自己遭受恶评。只要我们一直持有先人为主的成见，不能接受自己身体的某些部分，即使我们和世俗标准下所谓美丽的典型再多么接近，我们还是不会对自己感到满意的。

其实，从你周身散发出的种种气息，其重要性远甚于你实际的面貌特征。如果你鄙视自己，无形中也会发出信息告诉别人：“别来注意我”，或“我不化妆简直不能看”。这种自我批评会使他人跟着低估你的魅力。

人们常常会身不由己地把注意力的焦点集中在我们最怕暴露的身体“缺陷”上。一个开始谢顶的男人往往会设法留一缕长一点的头发将已秃的头皮尽力掩饰，这种举动无形中透露了他对自己头发掉落的事实甚为心虚，结果反而引来更多人将眼光集中在他的秃头上。当一个身材丰满的女人穿着黑色紧身衣，嘴里不断抱怨自己餐桌上的东西很难吃，你想她留给别人的印象，除了“太胖”，还能有别的吗？如果我们为自己外表上小小的缺点而自暴自弃，别人即使想替我们剔除障碍，提醒我们真正有吸引力的优点，恐怕也是困难重重的。

其实，我们也可以把这种回馈用来加强对自己的欣赏与肯定。凡是你在生活中特别留心的地方都会增强。如果你表现出自己是个充满活力与吸引力的人，人们就会这样看待你。你的仪态、眼神、衣着、面部表情与为人的态度，时时反映出自信与自我肯定，别人自然会对你产生信任与好感。

不管你到底够不够资格当封面女郎或健美先生，你永远可以持“我是最好的”这样的态度，不必显出任何羞愧、尴尬或压抑的样子，正如罗斯福夫人所说：“没有你的同意，谁也不能让你觉得自己差人一等。”如果你能培养出一种珍惜羽翼、自爱自重的态度，你就能将你的魅力传达给别人。

成大事者都见过一些身体特别高或特别矮，或者超级胖子这样的人，你可能注意过他们之中有些人的态度是那么从容自得，充满自信，根本没想到把他们和一般社会上的标准做比较。有些秃发的男性丝毫不因为那片童山濯濯的头顶而减损他们的自信。有些人会让自己的鹰鼻变成他们绝佳的本钱，而不是令他羞愧不安的罪魁祸首。或许美丑与否在于观赏者的两眼，但是让别人如何评判你的仪表，关键人物却是你自己。

心无旁骛地去做自己的事

一个人对自己认定要做的事，首先要去掉依赖思想，清除心中的一切杂念，心无旁骛地去奋斗，那么，就没有什么东西可以阻挡你的成功。

《人性的弱点》

专心致志，对你的培养能力是一种非常重要的心态。你只要清除心中的一切杂念，清除得干干净净，只有一个创造的日子要计划，那你就可以对准你的目标向前挺进了。

因此，专心致志是一个这样简单的心态。只是必须开头的一种行动。

专心致志有两个不同然而相关的要素。第一个要素类似于运动员聚精会神。除了心态的警觉、清晰和沉着之外，集中注意力还意味着排除外界干扰，平息内心的不安，并且寻找各种方法，全神贯注于你所要解决的问题。它要求你把自己的意念从千百件你必须做的事情当中收回，变万念为一念。把注意力放在你手中正在干的事上。就像一个准备扑食的猫，一个站在自由投篮线上的篮球运动员。注意力集中的人将他所要完成的任务从繁杂的事务中独立出来，然后心平气和地、目标明确地使出浑身解数完成它。

专心致志的要素之二是长时间地控制你的精力和思维点集中于特定的任务上以达到特定的目的。一鼓作气地将待解决的事情做完，这种欲望人人都有。

德劳特与图奇咨询集团管理成员之一的史蒂夫·伯德温认为在纷乱如麻的商业环境中，集中注意力是最为首要的一招。“处在那样的境地就像小伍埃德·沙利文的表演，可怜的家伙跑前跑后，想方设法让所有的盘子都旋转起来，”伯德温形容道，“我们不得不面对这样的处境。”正当他领导下的小组，协助蒙圣托股份合作公司完成其组织结构的彻底改组工作时——这是德劳特与图奇公司到目前为止所承担过的最为艰巨的任务，伯德温强调了集中注意力的绝对重要性：“即使生活内容错综复杂，要完成的任务涉及方方面面，你也必须能够首先瞄准其中一项，全身心投入进去，逐个击破。你必须集中、专注于一件事，用尽可能短的时间完成它，然后将它抛至脑后，着手处理下一个任务。”

著名的博物学家拉马克的一生，清楚地说明了在科学上“南思北想”是无所作为的，只有选择好目标。专心致志才能获得成功。

拉马克于1744年8月1日生于法国毕加底，他是兄弟姊妹11人中的最小的一个，最受父母宠爱。拉马克的父亲希望他长大后当个牧师，送他到神学院读书，后来由于德法战争爆发，拉马克当了兵，他因病退伍后，爱上了气象学，想自学当个气象学家；他整天仰首望着多变的天空。后来，拉马克在银行里找到了工作，想当个金融家。很快地，拉马克又爱上了音乐，整天拉小提琴，想成为一个音乐家。这时，他的一位哥哥劝他当医生，拉马克学医4年，可是对医学没有多大兴趣。正在这时，24岁的拉马克在植物园散步时遇上了法国著名的思想家、哲学家、文学家卢梭，卢梭很喜欢拉马克，常带他到自己的研究室里去。在那里，这位“南思北想”的青年深深地被科学迷住了。从此，拉马克花了整整11年的时间，系统地研究了植物学，写出了名著《法国植物志》。拉马克35岁，当上了法国植物标本馆的管理员，又花了15年研究植物学。当拉马克50岁的时候，开始研究动物学。此后，他为动物学花费了35年时间。也就是说，拉马克从24岁起，用26年时间研究植物学，35年时间研究动物学，成了一位著名的博物学家。他最早提出了生物进化论。

古往今来，凡是有成就的人，都像拉马克后来一样，很注意把精力用在一个目标上，专心致志，集中突破，这是他们成功的最佳方案。历史上不少人被埋没，除了社会原因之外，没有找到他们为之献身的具体事业目标，东一榔头，西一棒槌，今日点瓜，明日种豆，不能不是一个重要原因。曾经有人问牛顿怎样发现了“万有引力定律”，他回答说：“我一直在想着这件事。”成功者们始终将目光集中在他们的目标上，他们常常在向目标奋进的过程中运用想像提醒自己目标所在。

查斯特·非尔德爵士指出：“如果你能够将自己的努力始终集中在你的目标和最重要的事情上面，就没有什么东西能够阻止你了。”

让自己内在的潜能动起来

认为才能都是后天学来的并不全面，其实我们每个人的体内都潜伏着巨大的才能。这种内在潜能常常处于酣睡状态，一旦被激发出来，就能做出惊人的事业来。

《思想的光辉》

我们永远坚信，只要一个人有志向，依靠自身的潜能实现目标并不算是奇迹。

费尔德先生看着他的儿子马歇尔在戴维斯的小店里招待顾客，就向店主戴维斯问道：“我的孩子在您的店里学生意，近来有进步吗？”

戴维斯不加思索地答道：“我们是多年的老朋友，用不着瞒你，免得你将来难过和后悔；而我又是个爱说老实话的直爽人。你的孩子的确是个稳重、端庄的好孩子，这不用说，一看就知道。但他要是在我这里学生意，恐怕学到老都不会成为一位出色的商人。他不是一块经商的料，生来性格就不适合做生意。你还是把他领回乡下去吧！”

不久以后，马歇尔来到了芝加哥，亲眼看见许多穷孩子因为自己的努力奋斗，都一个个发迹了。这使他的志气突然被唤起，他经常反问自己：“别人能做出惊人的事业来，为什么我不能呢？难道我生来就不如人吗？”

马歇尔很快奋发起来了，他决心努力走自己的道路。他原有的潜伏才能一下子被激发出来，成了举世闻名的大商人。

其实，每个人的体内都蕴藏着无穷尽的才能，如果被激发出来，就一定能够获得成功；如果不激发它，这些潜能就会渐渐地消失，以至于没有。正如人类的指甲，在几百万年前像野兽的脚爪一样锋利、坚硬，而随着不断进化，人类不再需要这样的指甲了，于是它逐渐萎缩下去。

贮藏在人体内的巨大才能，是需要适当的环境、适当的机会、适当的工作，才能被激发出来的。试想，如果马歇尔依旧留在戴维斯的店里当个伙计的话，那他日后还会成为大商人吗？

对于一般的失败者来说，他们失败的原因就是缺乏良好的环境。他们从来不曾走入足以激发人、鼓励人的环境中，他们也没有力量从不良的环境中奋起振作。

在现实中，有许多人直到老年时才表现出他们的才能。这是什么原因呢？有的是由于阅读富有感染力的书籍而受到激发，有的是由于听到富有说服力的讲演而深受感动，有的是由于朋友的真诚鼓励。

走入一种可能激发你的潜能的氛围中，努力接近那些了解你、信任你、鼓励你的人，这对于你日后的成功。具有莫大的影响和助益，所以绝对不容忽视。

当然，对于激发一个人的潜能来说，作用最大的则是自我反省和审视。因为一个人想要改变自己的命运，就要相信命运可以改造，而且自己愿意改造。

比别人更卖力地工作

无论你的想法是什么，你必须为实现它干得比其他人更多，即使你投入时间与精力并不能保证你就会成功，你也要一直干下去，否则结果就更可想而知。

《思想的光辉》

现在一个人10年换6次工作都很常见。但1946年的华尔街完全不像现在这样。那时的人并不跳来跳去，人们常常把自己的一生和某个公司联系在一起。

从布隆伯格被所罗门公司录用的那一刻起，他就认为自己是一个“所罗门”人了，许多大公司贪求与众不同的门第、风格、语音和常春藤联校的教育背景，而所罗门更看重业绩，鼓励实干，容忍异议，对博士生和中学辍学生一视同仁，布隆伯格感到很适应，他觉得那正是适合他的地方。

那时的职员都接受雇主的保护，这是因为，在那时的华尔街，重要的是组织而不是个人。

当时的布隆伯格认为：如果你能进入一个投资银行公司——对不是创始家族的继承人来说，可不是一件容易事，你会把它看成是终生的职业。你会一直干下去，最终成为一名合伙人，然后在年纪很大时死在一次商务会议当中。

布隆伯格说：“我永远热爱我的工作并投入大量时间，这有助于我的成功。我真的为那些不喜欢自己工作的人感到惋惜。他们在工作中挣扎，这么不快活，最终业绩很少，这样他们就更憎恶他们的职业。在这短短的一生中有太多令人愉快的事情去做，平日不喜欢早起就干不过来。”

布隆伯格每天早上到班，除了老板比利·所罗门，比其他人都早。如果比利要借个火儿或是谈体育比赛，因为只有布隆伯格在交易室，所以比利就跟他聊。

布隆伯格26岁时成了高级合伙人的好朋友。除了高级主管约翰·古弗兰德，布隆伯格常是最晚下班的。如果约翰需要有人给大客户们打个工作电话，或是听他抱怨那些已经回家的人，只有布隆伯格在他身边。布隆伯格可以不花钱搭他的车回家，他可是公司里的二号人物。

布隆伯格认识到：“使我自己无所不在并不是个苦差事——我喜欢这么做。当然了，跟那些掌权的人保持一种亲密的工作关系也不大可能有损我的事业。我从来不理解为什么其他人不这么做——使公司离不开他。”

他在研究生院第一年和第二年之间的那个夏天为马萨诸塞州剑桥镇哈佛广场的一个小房地产公司工作，他就是早来晚走的。学生们到城里来就是为了找一个9月份可以搬进去的地方。他们总是急三火四的，想尽快回去度假。

布隆伯格早晨6点30分去上班。到7点30分或8点的时候，所有来剑桥的可能租房的人已经给公司打电话，跟接电话的人订好看房时间了。他当然就是惟一一个来这么早接电话的人，那些给这个公司干活的成年“专职”们（他只是“暑期打工仔”）在9点30分才开始工作。于是，每天当一个接一个的人进办公室找布隆伯格先生时，他们坐在那里感到很奇怪。

布隆伯格非常赞赏样一句话。他说：“你永远不可能完全控制你身在何处。你不能选择开始事业时的优势，你当然更不能选择你的基因智力水平。但是你却能控制自己工作的勤奋程度，我相信某地有某人可以不努力工作就聪明地取得成功并维持下去，但我从未遇见过他（她）。你工作得越多，你做得就越好，就是那么简单。我总是比其他人做得多。”

当然，布隆伯格并没有因为工作影响了自己的生活。他说：“我不记得曾因工作太紧或我太专注工作而耽误了晚上或周末的娱乐。我跟所有女孩子们的约会，我去滑雪、跑步和参加聚会比别人都多。我只是保证12个小时投入工作，12个小时去娱乐——每天如此。你努力得越多，你就拥有越多的生活。”

要有不服输的斗志

如果要论成功者与失败者之间最大的区别在哪，那就是成功者都有不服输的心性，这种心性在他人或外在环境因素的刺激下，会焕发屡败屡战，直至成功的斗志。

《思想的光辉》

据说，美国前总统里根，在青年时期，曾经是个地痞式的人物，尽管他聪明机灵，也常常仗义行事，但他常跟一些不务正业的人混在一起，不是酗酒寻事，就是打架斗殴。有一次，他与同伙一起将父亲一个好友的汽车偷了出去，在加利弗尼亚外兜了一圈，最后开到纽约去赌钱，结果把父亲好友的汽车也输进去了。他父亲知道此事后，非常恼火，对他骂道：“你简直一无是处！”

“我这么聪明怎么会一无是处？”父亲的这句话深深刺伤了里根的自尊心。从此以后，里根断绝与那些不务正业的朋友们的来往。为了证明自己，里根开始努力学习，并很快便拥有一份自己的不小的产业，直到后来成为美国最有威望的总统之一。

每个人都有潜能，这些潜能往往连我们自己也未必清楚，但在遇到外来刺激的激发下，就会展现出来。在这样的激发之下，人生之局肯定要发生变化。

但有的人在受到外来刺激时，比如受伤害和侮辱时，不敢作出正当的反应，而说一些傻话，或是感到羞辱，或是恶语相向，最终以结怨告终。这样的结果使人生格局走向了不利的一面，这种负面的反应实在不可取。

现实生活中，也有人借着被别人激发的力量来改变自己的处境，达到自己所追求的目标。

美国黑人富豪约翰逊决定在芝加哥为公司总部兴建一座办公大楼，出入无数家银行，但始终没贷到一笔款。于是决定先上马后加鞭，设法将自己的200万美元凑集起来，而后请一位承包商，要他放手建造，自己则想方设法筹集所需要的其余500万美元。

建造持续施工所剩的钱仅够再花一个星期的时候，约翰逊和大都会人寿保险公司的一个主管在纽约市一起吃晚饭。约翰逊拿出经常带在身边的一张蓝图准备摊在餐桌上时，保险公司主管对约翰逊说："这儿我们不便谈，明天到我的办公室来。"

第二天，当约翰逊断定大都会公司很有希望给他抵押借款时，他说："好极了，惟一的问题是今天我就需要得到贷款的承诺。"

"你一定在开玩笑，我们从来没有在一天之内给过这样的贷款承诺。"保险公司主管回答。

约翰逊把椅子拉近说："你是这个部门的主管。也许你应该试试看你有无足够的能力把这件事在一天之内办妥。"

他微笑说："你这是逼我上梁山，不过，还是让我试试看。"

他试过以后，本来他说办不到的事儿终于办到了，约翰逊也在钱花光之前几小时回到了芝加哥。

运用激将法，务必找到并击中对方的要害，迫使他就范。就这件事来说，要害是那位主管对他自己权力的尊严感。

约翰逊在谈话中暗示，他怀疑那位主管果真拥有那么大的能力。主管听了这话，感到自己的权力受到了威胁。那好，我就证明给你看！

生活在社会上的人们，处在各种复杂的矛盾关系中，一个人如何考虑问题完全由自己的是非判断和情感好恶所决定。只要你事先了解了对方的情感好恶和是非标准，只要你知道了对方在社会关系网络中的哪一个点上，你就可以根据社会平均关系，或投其所好，或投其所恶，机动灵活地激发对方产生某种倾向，然后促使他按照这种倾向做出有利于自己的决策。这种办事方法就是世人常用的激将法。这种方法是双向的，一是自己激别人，一是别人激自己，但不管是谁激谁，都会通过激励而获得某些改变。这种方法运用得好，可以很快改变我们的现状。

不惧怕任何挫折，活出强者气势

许多人不到穷途末路的境地就不会发现自己的力量，而灾祸的折磨反而会使他们发现真我，磨难也是一样，它犹如凿子和锤子，能够把生命雕刻出力量和希望来。

《人性的弱点》

人只要接受困境的自己，才能释放心灵的能力，一旦我们接受最恶劣的状况，我们就没有什么可以损失了，从此以后所有都是“得”，不再是“失”。所以，坦然面对最坏的状况，能让心灵平安。

《顽童历险记》的作者马克·吐温曾经说过——“19世纪中，最值得一提的人物是拿破仑和海伦·凯勒。当时，海伦·凯勒只是位15岁的少女，现在，她已经是20世纪的传奇人物之一了。

海伦勒虽然是位盲人，但她读过的书，却比视力正常的人还多，而且，还是许多著作问世。她多姿多彩的一生曾被拍成电影，她的耳朵全聋，但她却比正常人更会鉴赏音乐。

有9年的时间，她完全不能说话，后来，她却能巡回全国各州发表演讲，甚至有4年时间她参加喜剧的演出，还到欧洲旅行。

她刚出生时，也是个正常的婴儿，能看、能听、正在呀呀学语时，一场疾病使她变得又盲又聋，那里她才19个月大。

既盲又聋使得她性情大变。稍一不顺心，就乱敲乱打，有时滚在地上乱吼乱叫。

双亲在绝望之余，忍痛把她送到波士顿的盲人学校就读，特别聘请一位老师照顾她。从那时起，在黑暗的世界里出现了一位光明的天使，她就是安妮·苏利文老师，她辞去盲人学校的教职，正式教育海伦·凯勒。当时苏利文老师未满 20 岁，要担负起教导一位既盲又聋哑的少女，实在是件艰巨的工作。

苏利文出身于穷苦家庭，10 岁时，她和弟弟两个人被收容在马萨诸塞州的救济院。由于房间不足，幼小的姐弟俩只好住进太平间，那是放置尸体的房间。弟弟身体较弱，6 个月后就病死了。而苏利文也差一点在 14 岁失明，然后到盲人学校学习盲文。所幸双眼并未失明，但是，她那几乎失明的视力，在她去世之前也丧失了。

苏利文空间如何教导海伦·凯勒呢？她如何一个月的时间就和生活在黑暗、沉默世界中的海伦·凯勒沟通呢？——关于这件事情，在海伦比凯勒所著的《我的生涯》一书中有深刻的描述：“一位既盲又聋的少女，初次领悟到言语的喜悦时——那种令人感动的情景，实非笔墨可以形容。”海伦·凯勒自己写道：“在我初次领悟到言语存在的夜晚，我躺在床上兴奋不已，那是我第一次希望赶快天亮。我想再也没有其他人能感受我当时的喜悦了！”

海伦·凯勒孜孜不倦地接受教育，在她 20 岁那年，终于进入大学就读。苏利文老师也和她同行。这时，她除了和一般学生一样会看书写字之外，她还得学习说话。当时她说出的第一句话是：“我已经不是哑巴了！”海伦对此奇迹非常兴奋，不断地重复说：“我已经不是哑巴了！”

现在的海伦·凯勒能将话说得很好了，只不过略带些外国腔调而已。她使用点字打字机著书和写稿。修正错误时，就用发夹在纸上空白部分挖个小孔子注明。

海伦住在纽约市时，她家距离我家只隔几条街。每当我出去遛狗时，偶尔也会看到她带着狼犬在庭院里散步。

我发现她有自言自语的习惯。不过，她并不像普通人一样地动嘴巴——而是动手指。她就是用手语来自言自语。据她的秘书告诉我，海伦·凯勒没有方位感，连在自己家中，有时也会迷路，而家具的位置稍一改变，她就会迷失方向。很多人说，失明的人常具有超能力的第六感觉，但经过科学试验的结果，证明他们的触觉、味觉和常人并无两样。

不过，海伦的触觉的确极为敏锐，她只要以手指轻轻地放在对方的唇上，就能知道对方在说什么。把手放在钢琴、小提琴的木质部分，就能鉴赏音乐。她还能以收音机和音箱的振动来辩明声音，还能够利用手指轻轻地碰触对方的喉咙来听歌，但她本身则无法唱得很优美。

如果你和海伦·凯勒握过手，5年后你们再见面握手时，她就能凭着握手来认出你知道你是个美丽的、强壮的、体弱的、滑稽的、爽朗的，或是满腹牢骚的人。

这些特别的能力并不是天生的，而是通过她的顽强精神而学到的。当然，是要比常人付出百倍的辛苦而掌握的。

保持个性，坚持做自己

你在这个世界上是个新东西，应该为这一点而庆幸，应该尽量利用大自然所赋予你的一切。归根结底说起来，所有的艺术都带着一些自传体；你只能唱你自己的歌，你只能画你自己的画，你只能做一个由你的经验、你的环境和你的家庭所造成的你。不论好坏，你都得自己创造一个自己的小花园；不论好坏，你都得在生命的交响乐中演奏你自己的小乐器。

《人性的弱点》

上天赋予每个人的能力都是全新不二的，只有自己尝试开发运用，才能充分了解自己所具备的天赋。

北卡罗莱纳州的伊迪斯太太曾给我写过一封信。信上是这样写的：“我曾是一个极为感性而羞怯的女孩，我一直很胖，双颊丰满，这使我看起来更显肥胖，我母亲是个古板不开通的女人，她觉得把衣服做得太漂亮穿着像白痴，而且衣服太贴身容易撑破，最好做得宽大一点，她让我也如此装扮；我从没有参加过任何社交活动，也没有令我开心的事。上学后，我从不参加集体活动，甚至体育运动也不参加。我害羞极了，总觉得自己和别人不一样。

“成年后，我和一位年长于我几岁的先生结婚，但我并未有一丝一毫的改变，丈夫的家人都相当镇定从容，我希望能像他们那样泰然自若，但我并没有。我试图模仿他们的行为举止，但总失败。而家人每次也试图帮我突破自己，却反倒让我更深地躲进自己的世界。我变得越来越紧张、烦躁易怒，躲着不见任何朋友。甚至听到门铃声我都会惊慌失措地躲进自己的世界！我是彻头彻尾地失败了。我很清楚，担忧我先生有一天会发现真相。所以只要在公共场合，我都尽量装作很开心，甚至假装得有些过分；我知道自己表现过火，每次会客过后的几天，我都会感到精疲力竭。终于，我实在忧愁到怀疑是否还要继续生存。我甚至想到自杀。”

后来发生什么事使这位妇人转变了呢？——只是偶然的一个评论。

伊迪斯太太继续写道：“偶然的一句话转变了我的一生，有一天婆婆谈到她如何教育子女，她说：‘不论任何事，我都坚持让他们个性独立！’这几个字在我脑中一闪，给了我灵感，所有这些苦恼都源于我使自己进入一个并非适合自己的生活模式中去了。

“一夜之间我就变了！我开始找回自我，我试着发掘自己的个性，努力挖掘自我潜能，并努力突现自己的强项。我研究布料颜色和衣着款式，找出适合自己的风格，表现出自己的独特品位。我主动与新朋友结识，并开始参加团体活动——先是一个小型团体——当我主持某项节目时，我紧张害怕。不过每次开始发言时，我的勇气都会得到增强。这段过程相当漫长——不过这样的生活使我比过去快乐很多。在我教导自己的儿女时，我一直把自己经过痛苦的历程才学到的经验告诉他们：不论情况怎么变化，永远做自己。”

基尔凯医生指出，多数精神障碍、神经疾病及心理问题的病因，归根究底往往是不愿意坚持自我。帕特里在报纸上发表了几千篇有关培养儿童的文章，他出版过13本书，曾说过：“没人会悲惨到不能坚持自己的思想个性，并且被迫去变成他人。”

我询问过一个朋友保罗，他是一家石油公司的人事主任，求职时人人常犯的最严重错误是什么。在这方面他极有经验，他面试过的人超过6000人，还曾写过一本《求职六招式》的书。他答道：“求职者易犯的最大错误，就是不能坚持自我。他们常常不够坦率，所回答的问题都是他认为你想听的。”可是这没用，因为没有公司愿意雇用虚伪而不实在的员工。

我知道有一位公交车售票员的女儿，名叫凯丝·达利，历尽艰辛痛苦才接受这种教训，她一直梦想当歌手，但是她的容貌是她最大的失败，她的嘴太大，还是暴牙，她第一次登台演唱时——在新泽西的一家夜总会里——试着拉下上唇遮住牙齿，以使自己显得很高雅，结果却显得相当荒唐可笑，这就注定她要面对失败了。

幸运的是，当时夜总会有一位男士在座，并认为她很有歌唱天分，他很坦率地对她说：“在这里我看了你的表演，我看出你要掩饰什么，因为牙齿很难看，很羞愧对吧？”那女孩听了感觉很尴尬，不过那人继续说，“暴牙又怎么了？暴牙又不犯罪！不要刻意去掩饰，张嘴唱歌，你越随意发挥个性，听众越会喜欢你，再说，你现在千方百计要遮掩的暴牙，将来可能正是你的财富呢！”

凯丝·达利接受了那人的建议，把暴牙忘得一干二净。从那以后，她集中精力全神贯注在歌唱上。她尽情歌唱，后来成为电影及电台最受欢迎的流行歌星，现在别的歌星倒想来模仿她了。

威廉·詹姆斯曾说过，普通人的大脑开发运用的程度不超过20%，多数人不太了解自己有哪些才能，不知道如何充分发挥。他写道：“与应该达到的使用标准比较，其实人们还有一半以上的潜能未被彻底挖掘出来。我们仅仅运用了一小部分头脑的能力，可以说人被自己定的标准限制住了，我们天生被赋予了丰富的资源，却常常无法运用自如。”

既然我们还有诸多未开发的潜能，那就不要再浪费一分钟担忧自己不像其他人。在这个世界上，你是独一无二的，前无古人，后无来者。基因遗传学告诉我们，人是分别由父母的24对染色体组合而成，就是这48条染色体决定了你的遗传特征，数以百计的基因存在于每一条染色体中，任一基因改变都足以引起一个人一生的改变。真的，人的形成是个无比奇妙的过程。

就算你父母相遇结合孕育了你，那也只有三百亿分之一的机会出现一个跟你完全雷同的人，这就是说，即使你有三百亿个同胞兄弟姐妹，他们和你也不会有多少相似。这是不是胡说？不是，这是完全有科学依据的。

谈坚持个性的主题，我很有发言权，因为我对此感悟深刻，有切实的经历，而且是个痛苦而高昂代价的经历。从密苏里州的玉米田刚到纽约来时，我想报考美国戏剧学院，我对成为一名演员充满热情。当时我窃喜自己眼光独到，想出这么绝妙的主意，这是通往成功的捷径，如此简单的道理，真不明白别人怎么没想出来。我的好主意是，仔细琢磨当时的几位当红演员，集他们的优点于我一身，那样多明智啊！其实这样真有点傻，我浪费了好几年时间在模仿别人，最后才发现我学的任何人都不怎么像。

如此悲惨的经验总该使我回心转意，重新找回自我吧！但是没有，我实在是超级蠢蛋！我竟然重蹈覆辙。几年后，为了写一本有关公开演讲的商业书，我又产生了同样愚蠢的念头，就是借用其他作者的一些观念，编纂成一本书，一本演讲方面的书。于是我找来数本有关公开演讲的书，用一年的时间吸收其中的理念，把它们变成自己的手稿。最后，我再次发现自己又犯了一次傻。把别人的理念改编成自己的文章，反而使得自己的文章枯燥而平淡无奇，没有书商对此感兴趣。于是我把这一年的辛勤努力全丢进废纸篓里，重整旗鼓，这次我告诉自己：“你就是戴尔·卡耐基，凭自己的有限智力来创造吧！别人你是做不了的。”于是，我放弃组合他人思想的念头，开始凭自己的能力、亲历的经验及细致的观察写成了公开演讲的课本。希望这一次我能永远像沃特爵士所说的："我写不出莎士比亚风格的书，但是我可以写出自己的书。"

坚持自我。美国作曲家艾文·柏林给后起之秀的作曲家乔治·盖希文的忠告也是如此。柏林与盖希文初次会晤时，柏林已蜚声乐坛，盖希文却只是个默默无闻的年轻晚辈。对盖希文的才华，柏林相当欣赏，柏林支付给盖希文目前薪水的3倍请他做自己的音乐秘书。可是柏林也提醒盖希文："最好拒绝这份工作，如果你接受，再努力也是在艾文·柏林之下。要是你坚持自我的创作个性，有一天你终将成为一流的盖希文。"

盖希文接受忠告，并逐渐成为当时最为卓越的美国作曲家。

还有查理·卓别林这样的名人及其他一些人都曾经学过这一课，而且多数人都为此牺牲一些代价。

卓别林开始演电影时，导演让他模仿当时的著名笑星，结果他毫无发展，直到他开始坚持自己的个性，才渐渐成名。鲍伯·霍普也经历过类似的过程，多年前他曾经为歌舞剧献力，直到发挥自己幽默的独特本领才真正走红。

增强不屈不挠的信念

做事前先培养自己的信心，在你望得见的地方写下"保持积极的心态，一切皆有可能！"同时要牢记"我不相信失败"，直到让这个想法完全驻进你的潜意识为止。

《人性的优点》

如果你的脑海中存有失败的思想，我将要对你提出这样的忠告，赶紧把它驱逐掉，因为失败的想法势必招致失败！

现在不妨让我们讲述某些人的成功故事，以印证这个哲理，同时让我们参考他们曾运用过的技术和方法。如果你能以慎重的态度去思考、研究这些案例，同时让自己的想法如同这些人一样积极，那么你将能克服那些看来势必导致失败的困难。

首先，我们希望你不要成为下例中的“编外参议”。

某公司，有一位绰号为“编外参议”的人，他并不是公司决策层人员，但喜欢评论决策层的决策。每逢公司作出决议的时候，这位“编外参议”必然高谈阔论，对那些似是而非的论点持反对意见，这就是他的习惯，也是他之所以获得“编外参议”绰号的由来，但是有一回，在偶然的经历中，他却受到相当深刻的教诲，并使得他一改以往的心态与作风。事情的经过是这样的：

有一次，公司方面面临一项重要的经营决策问题。这个决策成功的希望很大，但却需要花费相当大的资金，且风险性也高得近乎孤注一掷。公司的经营者为此伤透脑筋、举棋不定。在讨论此决议时，编外参议听说了，又摆出学者的姿态开口说话了：“暂且稍安勿躁，让我们先来考虑其中可能遭遇的困难吧！”

此时，有一位素来沉默寡言，却以出众的才能、业绩，及不屈不挠的个性深受同事们欢迎及尊敬的人，以断然的口吻开口说话了。

“你为何总强调障碍、困难？并以它来代替成功的可能性呢？”他如此问道。

“因为……”编外参议回答，“凡事都应该做最坏的打算，并应考虑现实的问题。现在这项计划中存有若干障碍的确是事实。请问你要以如何的态度去面对这些障碍呢？”

那人毫不犹豫地回答说：“你是说，要以何种态度去应对这些难题呢？不用说，当然是要把它们彻底加以解决，并让它们从现实中消失。”

编外参议反驳道：“这件事恐怕是知易行难！不像你说的那么轻松简单！你刚才说要将它们消除掉，是不是你有什么特别的方法？我想，除了你之外，我们是没有这种能耐的。”那人从容不迫地接着回答这个问题，脸上还不时浮现出微笑。

“我可以这样告诉你——我从来没有看过以充分的信念和勇气努力去克服障碍，而尚有克服不了的。如果你真的想知道该如何做才能办到，我现在就可以展示给你看……”他这么表示。

然后，他从口袋中取出皮夹，在透明夹层中，夹有一张上头写着字的卡片。他把皮夹推向位于另一端的桌缘，并对编外参议说道：“请你读一读它吧！那就是我的方法，是我从生活中的亲身体验所得。”

编外参议拿起皮夹，以疑惑而好奇的神情默读着。

“请大声地读出来吧！”那人说道。

编外参议以半信半疑的声音慢慢读出：

“虔诚的信仰给了我无比的力量，凡事都能做。”

那个人把皮夹收回，放入口袋中，同时表示，“我经历了很长的时间，也遭遇过相当多的困难，这句话的的确确具有实际上的力量。运用了它，任何障碍都能消除。”他带着肯定的口吻说道。

在场的每一个人都明白了他的意思，而他的积极态度，以及他那勇于克服困难而备受瞩目的事实，使得大家对他所说的话深信不疑。

于是再也没有人说消极的话了。后来，这句话也在他们身上发生了作用。他们将这句话纳入心中，并付诸实行。尽管现实中存有无数的困难和危险，但是他们依然成功地完成了预期的目标。

大体而言，这人所使用的方法乃是依据“不要惧怕障碍”这项真理。因此，面对障碍时所要做的第一件事便是，站起来反抗它！克服障碍，你将发现，原来它不过只有你一半的力量而已！

相信自己，即使没有人相信你

对于自己认定的事，就应义无反顾地做下去，如果听任别人的指挥，而改变自己的主意，做对了没有成就感，因为主意是别人的；做错了，会后悔，因为自己没主张，听信了别人的话。

《人性的弱点》

还记得4分钟跑1英里的故事吗？这个故事从古希腊时代就开始了。据说，当时的人们为了达到这个速度，有的奔跑者尝试着喝下了真正的虎奶，还有的人居然让狮子去追赶奔跑者，以为这样就能使他跑得更快。然而，这些都没有用。于是，人们便断言，这是人类不可能达到的目标。这种认识延续了几千年，人们几乎都相信，在4分钟内跑完1英里是人的生理条件所不能承受的，因为人类的骨骼结构不行，肺活量不够，空气的阻力又太大……理由有成千上万条。

然而有一个人，他独自证明了所有科学家、教练员、运动员以及在他之前尝试过但没有获得成功的数以万计的人都错了，他就是罗杰·班尼斯。奇迹中的奇迹是，当罗杰突破了4分钟跑完1英里的目标后，立刻就有另外37人打破了这一纪录；而一年后，能在4分钟内跑完1英里的运动员已经达到了300个！

几年前人们站在纽约1英里跑的终点上，亲眼目睹了参加比赛的13名运动员都达到了4分钟跑完这一路程的速度；换言之，即使是跑得最慢的选手也做到了这个在数十年前被人们认为是不可能的事。

这到底是怎么回事呢？训练技术并没有获得突破性的进展，人类的骨骼也没有在一夜之间获得了改善，但是，人们的态度却发生了改变。

想一想石匠吧，他在一块岩石上凿打了100次，可能不会在石块上留下多少痕迹；但在第101下时，那石块却分裂成两半了。这当然不仅仅是那最后一凿的缘故，而是先前他的每一次凿打都在发挥着作用。倘若你定下了一个目标，你就应该能够完成它。谁能够断言你干得不比你的对手更顽强、更漂亮、更出色而且更有才华呢？就是有人说你不行，那也没有关系。关键在于，而且这是最关键的，你必须相信你自己能行。

在罗杰之前，人们只相信专家，而罗杰却相信自己……他为此而改变了所有人的态度。从某种意义上来说，是改变了整个世界。如果你也能相信你自己，那么你就能达到你想达到的任何目标。因此，不要退缩，在任何时候都不要。

一切靠能力说话

一个青年，如果从来不肯竭尽全力来应付一切，如果没有坚强不屈的意志，如果没有可施展的能力，那么就决不会有多大的成就。

《智慧的锦囊》

现代人求职，用人单位多讲求学历，然而学历对于一个人来说重要吗？重要！在应聘甚至入职初期，学历是公司对你做出初步评估的唯一参考。然而，学历真的那么重要吗？没那么重要！在知识更新近乎神速的今天，我们在学校里学的知识，很可能走到校门口就被淘汰了，根本来不及运用到实际工作中。

在任何一家公司里，一个平庸的博士往往是随时可以被辞掉的，而一个有能力的专科生反倒可以平步青云。所以，别再做着一纸文凭闯天下的美梦了，想获得职业上的价值，你需要用实实在在的能力来说话！

赖斯只是一所普通专科学院的毕业生，学的是计算机专业。临近毕业那年，为了完成社会实习报告，赖斯在父亲的帮助下进了一家小有名气的科研机构。

第一天上班，他明显不太适应，只是傻傻地干坐着，而科研机构的领导也不敢贸然把工作交给他。后来，旁边一个在读研究生看不下去了，就把自己手头的活分了一个给他，说："不急，三天之内完成就行了。回头我帮你去跟上司说，写个实习鉴定应该不难！"

赖斯很感激这位师兄，接下来的三天，他几乎住在了单位，在规定时间内出色地完成了任务。当天上午：上司得知了整个过程，吃了一惊，对赖斯也开始刮目相看了。

随后，上司又交代给他几个任务，并且还缩短了时间。赖斯还是提前做完了所有工作，而且质量相当高。

实习期满，上司将鉴定交给赖斯，没有多说什么。但是不久，这家科研机构就派人来到他的学校，指明要跟赖斯签劳动合同。办公室主任非常诧异："您不是跟我开玩笑的吧？我这里还有好几个研究生都没着落呢，您却要一个普通的大专生而不要硕士生？"

"不是开玩笑，他能力很强！"科研机构的主管说，"能成大事。"

今天，当职场竞争越来越激烈，员工之间比拼的除了能力还是能力，人们挣的不再是资历薪、学历薪，而是能力薪！无论是应届大学毕业生还是工作多年经验丰富的老员工，要想获得高薪，就必须拥有被大家认可的能力，这才是决定薪水的唯一标准。

能力，可以在不知不觉中拉大人与人之间的差异。销售能力强的员工，能卖出更多的产品；懂得挑选千里马的伯乐，能为企业招贤纳士；医术高明的大夫，能更快地帮助病人解脱痛苦……说到底，工作还是要凭本事，靠实力的，那些仗着高学历、有关系、会耍嘴皮子的人，或许能风光一时，但日子久了还是会穿帮。

森林里的鸟儿们召开大会，公开选举国王。

孔雀站在枝头，得意地说："你们看，我的羽毛多漂亮，选我做国王吧。"底下的鸟儿们都被孔雀的诱人的翎毛迷住了，于是纷纷推举它当国王。

这时，乌鸦在一旁质疑道："孔雀，假如你做了国王，老鹰来攻击我们的时候，你能保护我们吗？"这句话提醒了大家，麻雀也问："对啊，你连飞都飞不起来，怎么保护我们呢？"喜鹊说："光有漂亮的羽毛有什么用，国王要有真本事才行啊！"

孔雀被问得一句话也答不出来，红着脸走开了。

很多时候，我们的高学历就像是孔雀身上漂亮的羽毛，起初还能引人注目，可时间长了，既不能很好地保护自己，又没能力给集体带来利益，除了中看之外还有什么用呢？企业需要的不是高学历的孔雀，而是能够展翅飞翔的雄鹰，能力才是最好的武器。

不管你从前多么优秀，也不管你的学历有多高，一旦走入社会，步入职场，企业看重的都将是你的真实能力，如动手能力、沟通能力、理解能力、协作能力、实际操作能力、待人接物能力等，这些能力才是你在企业中的安身立命之本。

对薪水不满意之前，先看看自己的能力有没有达到领导的要求？是否配得上更高的薪水？在工作之余，不要放弃任何一个可以学习发展的机会；将学习与工作的时间按 4∶6 来分配；尽量多利用工作的便捷条件，在实践中找出自己能力缺乏的地方，立即补救。善于总结才能不断提升，提升能力才是要求高薪的资本。

想要纵横职场，我们就必须化身为一块能循环吸水的海绵，在付出的同时，也要珍惜每一个可以吸收最新知识、掌握先进技能的机会，不断提高自己的个人能力，这样才能跟得上快节奏的生活，在职场立于不败之地。

永远保持一颗进取心

时刻保持进取之心，是做强自己，做大事业的思想保证，如果加之以自强不息的奋斗实践，成功即是垂手可得的事。

《人性的弱点》

很多人在取得一定成就后，就会觉得自己了不起，没有必要再学新的知识、掌握新的技能。其实，抱有这种心态，就是缺乏进取心。

不知道你是否有这样的感觉，发展的社会让大家都对新事物应接不暇。人们要应对千变万化的世界，就必须要做到不断学习。

一个人如果不及时更新自己的知识，很快就会进入所谓的“知识半衰期”，很快就会被淘汰。据统计，当今世界九成以上的知识是近三十年产生的，知识半衰期只有五至七年。人的能力就像蓄电池一样，会随着时间的流逝而逐渐流失，人们的知识需要不断“加油”、“充电”，不及时“充电”很快就会在现代社会中失去能量。所以，无论你现在身处何种职位，有多高的能力，你都应该注意及时更新你的知识，才能使自己不被淘汰。

没有一本万利的知识。未来社会的竞争，必将逐渐从知识竞争转向学习能力的竞争。无论对于个人和集体，学习都是不可少的一个环节。没有好学之心，个人不能进步；没有好学的氛围，集体的发展也停滞不前。如果你每天花一个小时的时间去学习你不知道的知识，那么在五年之后，你就会惊讶于它给你的生活带来的影响。

有一家美国小公司被一家德国跨国集团兼并后，公司新总裁就宣布：公司不会随意裁员，但如果员工的德语太差，以致无法和其他员工交流，那么他很有可能被裁掉。公司将通过一次考试来检验员工们的德语水平。

当其他的员工都涌向图书馆，开始补习德语时，只有一位叫皮埃尔的员工和往常一样，并没有表现出紧张的神情。其他人认为他可能已经放弃这个职位了。但是当考试成绩公布后，皮埃尔的成绩却是最高的。领导根据成绩外加其他几项考核，决定任命皮埃尔担任集团公司的大区总经理。

原来，皮埃尔自从大学毕业后来到这家公司，就认识到：同别人相比，自己无论是在知识上还是在经验上都没有特别突出的地方。从那时起，他就开始通过各种形式的学习来实现自我提高。公司的工作虽然很忙，但是皮埃尔每天都坚持学习新的知识和技能。因为是在销售部工作，他看到公司的德国客户有很多，但自己不会德语，每次与客户的往来邮件与合同文本都要公司的翻译帮忙，有时翻译不在或兼顾不上的时候，自己的工作就要受影响。虽然公司没有明文规定要学德语，但是皮埃尔还是自觉地学起了德语。

对皮埃尔来说，公司被兼并这样的事情显然不是他所能决定的。但是他能够通过积极的学习，增加自己的技能，从而顺利地适应了新任领导的要求。

显而易见，皮埃尔把自己的业余时间用来学习，为自己的事业积累“知本”，终有一天，这些“知本”会成为他事业前进的推动力。有这种“知本”意识的人，想不成功都难！

诚然，不爱学习，即使大白天睁着眼，也只是两眼一抹黑。只有经常学习，不论年少年长，学问越多心里越亮堂，才不至于盲目处事、糊涂做人。

没有付出肯定就不会有收获，每天学习一点点，每天进步一点点，天长日久就是一个可观的成就。“学习像逆水行舟，不进则退”，只有不断地学习、不断地进步，才能让自己与社会共同进步，才能让自己的成就越来越高。

别让别人的评价左右自己

对自己选定要做的事，就不要轻易做出改变，因为即使是错的也只有结果才能做出判断，宁可承受失败后的痛苦，也不接受事前的左右。

《人性的弱点》

在哈佛人看来，成功是靠自己取得的，也只有自己才能够成就自己，如果一个人总是活在他人的评价里，时刻按照他人的评价修正自己的行为，完全被他人的评价所左右，最后很可能是一无所获。事实上，无数人的事实早已证明了这一点。

乔治当军官时，每次行军总是走在队伍的后面。但在一次行军过程中，有的同级军官则取笑他说："你们看，乔治哪儿像个军官，倒像一个放牧的。"乔治听后觉得很不好意思，他走到了队伍的中间，他的对手又讽刺他说："你们看，乔治哪儿像个军官，简直是个十足的胆小鬼，躲到队伍中间去了。"乔治听后，想想觉得对方说得有道理，便又走到队伍的最前面。不料这时他的对手又说："你们瞧，乔治带兵还没有打过一次胜仗，他就高傲地走在队伍的最前面，真不害臊！"遭到对手三番五次的嘲讽，最后才恍然大悟：如果做什么事情都受他人评价的影响。最终自己将连路都不会走了。从此以后，他不再理会别人的评价，而是自己想怎样走就怎样走。

一个人能否成功，并不取决于别人怎样看待自己，而在于自己怎样看待自己。如果你相信自己的选择，并一直坚持下去，那么总有一天你会取得别人望尘莫及的成功。

在上学的时候，迪斯尼就对绘画和冒险小说特别感兴趣，并很快读完了马克·吐温的《汤姆·索亚历险记》等探险小说，他梦想着自己以后能把故事变成图画。

一次，上小学的迪斯尼出色完成了老师布置的绘画作业：把一盆花的花朵画成了人脸，杷叶子画成人手，并且每朵花都以各种表情来表现着自己的个性，但当时的老师根本就无法理解这幅画，竟然认为迪斯尼是在胡闹，并当众把他的画撕得粉碎。当迪斯尼反抗时，老师更加严厉地批评了他，并告诫他以后不许胡闹。

委屈的迪斯尼回到家里，父亲问清缘由后，对他说："我认为你的画很有创意，对同一个事物，不是每个人的看法都是一样的，关键是你自己怎么想。不能主宰自己的人，终生都是一个奴隶。"迪斯尼记住了当时父亲的这句话。

第一次世界大战时，迪斯尼报名当了一名志愿兵，在部队中做汽车驾驶员，闲暇的时候他就创作一些漫画，并寄给一些幽默杂志，但他的作品几乎都被退了回来。

战争结束后，迪斯尼来到了堪萨斯市，他拿着自己的作品四处求职，经过一次又一次的碰壁之后，他终于在一家广告公司找到了一份工作，然而，他只干了一个月就被辞退了，理由则是他们认为迪斯尼缺乏绘画能力。

1923 年 10 月，迪斯尼和哥哥罗伊在好莱坞一家房地产公司后院的一个废弃的仓库里，正式成立了属于自己的"迪斯尼兄弟公司"，他创造的米老鼠和唐老鸭几年后享誉全世界，并为迪斯尼赢得了 27 项奥斯卡金像奖，使他成为世界上获得该奖最多的人。

可见，做任何事之前，如果能够充分肯定自我，就等于已经成功了一半。面对挑战和他人的质疑时，不妨告诉自己：我就是最优秀和最聪明的。

七

淡然处世，在意念上多些“无所谓”
——永远不为打翻了的牛奶而哭泣

在媒体中，不时有关于自杀的报道，那么，自杀的都是些什么人呢？那些人可能有千万种，而且原因也各不相同，但有一点一定都是相同的，那就是：他们都很在意一些事情，并把它们看的有如生命一样的重要，这时，损害了它们或失去了它们，这些人就会如同损害或失去了他们的生命，这种过于执着，不懂得淡泊，不懂得放弃的处世态度是不利于人生的。

让错误和烦恼“到此为止”

生活中不幸之事无法逃避，更无法左右它的发生，但我们可以决定如何面对，那就是让错误和烦恼“到此为止”。

《思想的光辉》

莎士比亚曾经说过：“聪明的人永远不会坐在那里为他们的损失而悲伤，却会很高兴地去找出办法来弥补他们的旧创伤。

当杰勒米·泰勒丧失了一切的时候——他的房屋遭人侵占，家人被赶出家门，流离失所，庄园被没收了，他这样写道：“我落到了财产征收员的手中，他们毫不客气地剥夺了我的所有财产。现在剩下了什么呢？让我仔细搜寻一下。他们留给了我可爱的太阳和月亮，我温良贤淑的妻子仍在我的身边，我还有许多给我排忧解难的患难朋友，除了这些东西之外，我还有愉快的心、欢快的笑脸，他们无法剥夺我对上帝的敬仰，无法剥夺我对美好天堂的向往以及我对他们罪恶之举的仁慈和宽厚。我照常吃饭、喝酒，照样睡觉和消化，我照常读书和思考……”

在意外打击和灾难面前，泰勒仍感到有足够的理由高兴、欢乐，他像是爱上了这些痛苦和灾难似的，或者说，他在这种常人难以摆脱的痛苦和怨恨中仍然能够自得其乐，真可谓不以常人之忧为忧，而以常人之乐为乐。他之所以能做到这一步，是因为他善于正视困难，视灾祸为一点寻常荆棘，他即使坐在这些荆棘之上，亦不足为忧。

生活中烦心的事情是很多的，我们的一生中很少有几次能够真正感到自己的生活一帆风顺，多数情况下是诡谲多变的，所以人们常说不如意事十之八九。在这种环境之中，唯一能使我们保持平静心情的办法，就是让自己“随遇而安”，就是让自己“无所谓”。一个人若能不管际遇如何，都保持豁达的心境，那真是比拥有万贯家财更有福气。

一个人搭车回家，行至途中，车子抛锚，当时正值盛夏午后，闷热难当。当他得知四五个小时后才可起程时，别人都在抱怨，他却找了一个凉爽平坦的地方美美地睡了一觉。当他睡醒时车子已经修好，趁着黄昏的晚风，他踏上了归程。之后，他逢人便说："真是一次最愉快的旅行!"

由此，随遇而安的妙处可见一斑。假如换了别人，在这种情况下，恐怕只好站在烈日下，一面抱怨，一面着急。可那辆车子不会因此提前一分钟修好，那次旅行也一定是一次最糟糕的旅行。

砂糖是甜的，精盐是咸的。它们是味道的两极，互为正反，如果想要使食物尝起来是甜的，只要加点糖就可以了。然而事实上若我们再加入些盐，反而更能增强砂糖的甜度与味道。这是因为调和了互为正反的两种味道，产生了一秧新鲜滋味，这正是造物主维妙的安排。

事物都有对立和正反两面。有对立的关系，我们才能感受到自己的存在，才能体会出那种类似砂糖里加入盐的滋味。所以，与其为那些难过的事情苦恼，还不如想想如何去接纳、调和它们。如此，必能产生新的美味，而坦途也就在我们面前展开了。

当你遭遇不如意事的时候，尽可把它看做一幕戏或一段小说，而你不过临时做了其中主角而已。那样你反倒觉得自己有所收获而感到欣慰。

无论你如何精心设计，或者想象事情会如何发展，或者相信事情应该如此……有些事总会让你感到迷惑、难堪或不平衡，你无法解释为什么会这样。也许是因为你的情绪、你的身体状况，也许因为航班，天气等客观原因，或者是因为这些因素综合在一起。

无论发生什么情况，都应该接受这种混乱、难堪的状况，从心理上把这些烦恼作为生活的一部分来接受。你应该知道，鲜花永远是和荆棘相伴的。

具有乐观、豁达性格的人，无论在什么时候，都能感到光明、美丽和快乐的生活就在身边。他们眼睛里流露出来的光彩使整个世界都流光溢彩。在这种光彩之下，寒冷会变成温暖，痛苦会变成舒适。这种性格使智慧更加熠熠生辉，使美丽更加迷人灿烂。

不过，要做到这点确实不容易。如果太坏的事情不是发生在自己或自己的亲朋好友头上，人人都能够保持冷静的心态；如果不是你的家庭被破坏和惊吓，你是容易冷静的；并且在你没有受到严重的侵犯时，你也很容易理解怎样去宽恕别人。但是，当你遇到不幸的事情时，想继续保持冷静和宽容对于一些人而言就很难了，因为他们不能无所谓地看待这一切。

控制自己受伤的情绪，不管是因为焦虑、不满、孤独，还是愤怒，你必须尽可能地对自己所做的任何事情负责，充分考虑任何行为的后果。虽然有些事情你是无能为力的，比如别人的决定和行为，你肯定不能将世界按照你的愿望来塑造，但是你还是应该努力去改变这种现状。既然如此，那就无所谓一些，看淡一些。有些事情你是可以控制的，如你自己的想法、怎样对形势做出反应以及自己将来的打算等。你可以查明不切实际的目标和超出现实的期待，然后将其抛弃或将其更改得合乎情理；你可以时常回过头来想想，而不要一味盲目前进；你可以停下来思考一下或是听听别人的看法。只有这样，你才能真正看到到底发生了什么，弄明白什么是正确的，什么是不正确的，并且最终接受现实。

发生了天大的事也要镇定自若

所有的事物都处在不停的发展变化之中，智慧之人不同于常人之处就是他既能看到这些发展变化，又能承受和应对这种变化。

《智慧的锦囊》

生活中不管发生什么事都能沉住气、稳住神，这是一种修炼、一种涵养、一种能力，更是一种实用的和理智的对待现实的正确心态，处事不惊和处变不惊能使我们进退的余地大大拓宽，这样的人往往能够成为强者和快乐者。所以，要想活得旷达安然，就要有一种任凭云卷云舒，我自安然信步的胸怀。

据说东方的渤海国宰相去世的时候，国王想从两个同样优秀的年轻大臣中选择一人做新宰相。国王把他们俩留在宫中，分别让人告诉他们："祝贺你，明天国王将宣布你做宰相！"

然后，国王让人领他们回到各自的房间锤觉，然后，国王躲在隔壁仔细观察两人的动静。其中一个人，内心过于激动，一夜未眠。而另一个人走进卧室不久，便静静地睡去，不时有鼾声传出，直到第二天仆人把他叫醒。

能静静入睡的那位大臣当了宰相，而一夜未眠的那位落选了。

国王说："一听说要当宰相就激动得睡不着觉的那位说明他心里放不下事。当宰相，就要有腹中能撑船的度量。"

事实也正像这位国王说的一样，心里放不下事，一有事就焦躁不安，担心事态不知向何处发展，总猜测是好事还是祸事？有利于己还是有损于己？这样的人是做不成大事的，他的这种焦躁不安，不纯粹是兴奋，更多的是出于"担心"这种心态。

读过《飘》的人可能都注意到这样一个细节，每当斯佳丽遇到什么烦恼或者无法解决的问题时，她就对自己说，"我现在不要想它，明天再想好了，明天就是另外一天了。"

实际上，这种习惯是一种以无所谓的心态给心灵松绑的方法。它体现在实践中就是万事其实都有无所谓的一面，如果我们为某个问题、某项取舍苦苦挣扎一整天，仍然无法理出头绪，无从下手，那么最好暂时放下它，不要让自己作任何决定，让它在时间中成熟一些再去解决。

时间是生活最耐心的朋友。等问题的坚硬外壳被时间风化后，要剥开它就相对容易得多。

斯佳丽松开绑绳的办法，就是一种凡事无所谓、凡事无所惧的心态，既承载了人生的责任，也具有乐天派的胸襟。

凡事无所谓反映的是一个人生命的品质和品位，这是不争的事实，这是一种不同凡响的处世气度。唯有凡事无所谓的心态，才能举重若轻、处事从容和无所畏惧。

随意体现的是对生活的真正认知

一个人如果过于看重自己，势必就会看轻别人，在这轻与重之间，自然就形成人际关系上的距离和隔阂，这种对于自己的认知态度极不利于自己的为人处世。

《思想的光辉》

被称为成功人士的人，也多半是深谙生活之道的人，他们是在社会群体中能够摆正自己位置的人，太在乎自己，人生就不能超脱，也就不会把一些荣辱看得无所谓。太在乎自己，就有可能把自己看得太高，而把自己看成是高人一等的人，最终会使自己成为一个愚人。

特别在乎自己的人总觉得在这个世界上，唯我最大，舍我其谁，一副不知天高地厚的架势，说大话，吹大牛，以示自己伟大的魄力和气度。相反，不太在乎自己的人都是脚踏实地干实事的人，而不是自吹自擂的谎话专家。人们佩服的是那些平易恬淡、超然潇洒的人，而不是那些盛气凌人、不可一世的人。

有这样一件趣事。在美国纽约的一个既脏又乱的候车室里，靠门的座位上坐着一个满脸疲惫的老人，背上的尘土及鞋子上的污泥表明他走了很多的路。列车进站，开始检票了，老人不紧不慢地站起来，准备往检票口走。忽然，候车室外走来一个胖太太，她提着一只很大的箱子，显然也要赶这趟列车，可箱子太重，累得她呼呼直喘。胖太太看到了那个老人，冲他大喊：“喂，老头，你给我提一下箱子，我给你小费。”

那个老人想都没想，接过箱子就和胖太太朝检票口走去。

他们刚刚检票上车，火车就开动了。胖太太抹了一把汗，庆幸地说："还真多亏你，不然我非误车不可。"说着，她掏出一美元递给那个老人，老人微笑着接过。这时，列车长走了过来，对那个老人说："洛克菲勒先生，你好。欢迎您乘坐本次列车。请问我能为你做点什么吗?""谢谢，不用了，我只是刚刚做了一个为期三天的徒步旅行，现在我要回纽约总部。"老人客气地回答。

"什么？洛克菲勒?"胖太太惊叫起来，"天哪，我竟让著名的石油大王洛克菲勒先生给我提箱子，居然还给了他一美元小费，我这是在干什么啊?"她忙向洛克菲勒道歉，并诚惶诚恐地请洛克菲勒把那一美元小费退给她。

"太太，你不用道歉，你根本没有做错什么。"洛克菲勒微笑着说，"这一美元是我挣的，所以我收下了。"说着，洛克菲勒把那一美元郑重地放在了口袋里。

真正懂得快乐的人，是那些即使是名人也不张扬的人，他们过的是平凡人一样的生活。因此，他们过的很平和，无所累。

爱因斯坦创建相对论之后，科学界褒贬不一。1930 年，德国出版了一本批判相对论的书，书名叫做《一百位教授出面证明爱因斯坦错了》。

爱因斯坦知道后，不禁哈哈大笑。他说："一百位，干嘛要这么多人？只要能证明我真的错了，哪怕一个人出面也足够了。"

真理只认可科学的推理与事实，与人数无关。真理面前，"人海战术"并不能说明问题，更不能给谬论带来面子。可见爱因斯坦也不在乎别人的攻击，而是直指他们的痛处。

有一天，爱因斯坦在纽约的街道上遇见一位朋友。

"爱因斯坦先生"，这位朋友说，"你似乎有必要添置一件新大衣了。瞧，你身上这件多旧啊。"

"这有什么关系？反正在纽约谁也不认识我。"爱因斯坦无所谓地说。

几年后，他们又偶然相遇。这时，爱因斯坦已然誉满天下，却还穿着那件旧大衣。他的朋友又建议他去买一件新大衣。

“这又何必呢？”爱因斯坦说，“反正这儿每个人都已经认识我了。”

如果洛克菲勒和爱因斯坦脑子里总装着诸如该穿什么大衣，该给别人留下什么印象才有面子之类的事儿，并把这些看得很在意，那他们就不会成为伟大的科学家和企业家，而是“面子”的奴隶了。

不要为打翻牛奶而影响好心情

意外的损失是令人沮丧的，但如果沮丧并不能挽回我们的损失的话，那么，沮丧的时间则不如接着去创造。

《思想的光辉》

使们快乐或不快乐的，并不是环境本身，而是我们对环境的适应能力，是我们自己的感受。

《十二个以人力胜天的人》的作者，已故的威廉·波里索曾说过：“人生中最重要的不是将收入当作资本，傻子都会这样做的。重要的是从损失中获益，这可是需要聪明的才智，也正是智者和傻瓜的区别。”他说这段话的时候，刚经历了一次火车事故，失去了一条腿。

人的一辈子不可能顺风顺水，总要有失利的时候。人生过程也就是得到与失去的过程，如果没有失也就无所谓得。所以，得与失是人生当中很正常的现象。

可是现实生活中，却有很多人不能正视得与失，他们常为一时的得而欣喜若狂，又为短暂的失而黯然心碎。其实大可不必，真正成熟的人是不会计较这些的。要知道，我们每个人最初来到这个世界上的时候，就是一无所有的，随着一天天的长大，我们才慢慢地获得了许多东西，如果因为某种原因我们又失去了它们，那也只不过是回到了从前，又有什么可悲伤的呢？人之所以会悲伤，就是因为把以前的得到看成了理所当然。所以要想活出一个有意义的人生，就不能仅仅习惯于得到，还要习惯于失去。失去本身并没有问题，有问题的只是人的心理。

失手打翻了一瓶牛奶，固然令人心里不是滋味，可是也无需为此哭泣。因为哭泣并不能让牛奶恢复原样，只不过让自己徒增伤心罢了。我们的痛苦并不是来自于失去，而是来自于我们的“不肯放手”。

有个人坐在一艘轮船的甲板上看报纸，突然刮起了一阵大风，把他新买的帽子刮到了大海中。令别人惊奇的是，他不慌不忙地用手摸了一下头，又看了看正在飘落的帽子，像是什么事都没有发生似的又接着看起了报纸。有个人很是不解，于是问他：“先生，你的帽子被刮入大海中了！”

“知道了，谢谢！”他仍然低头看报纸。

“可是你那顶帽子值几十美元呢！”

“是的，所以我正在考虑该如何省钱再买一顶呢？帽子丢了我很心疼，可是它再也回不来了，不是吗？”说完又看起了报纸。

的确，失去的已经失去了，又何必为之为此而伤怀不已呢？人生长路漫漫，总要有失去的时候。既然失去了，就不要再强求，毕竟有些失去是靠人为的力量不能扭转的，比如单位要裁员你不幸就在其中，市场的竞争断了你的致富之路，天灾人祸让你损失惨重，诸如此类明知道留也留不住的东西，又何必固执地要去得到呢？失去就有失去的道理，我们只需要用一颗平淡的心来面对，让生命变得豁达和从容。

生活中我们常说一句话：“旧的不去新的不来。”也许此时的你失去了一份凄美的爱情，失去了一次高升的机会，又或许丢失了一笔钱财……总之，不管是哪一种情况，伤心和难过都是毫无意义的。与其为失去的工作伤心，不如振奋精神去找一份更好的；与其为与恋人说分手而痛不欲生，不如花点心思疗养自己的伤口然后寻找新的爱情；与其为丢失的钱财而心疼不已，不如考虑如何让自己赚更多的钱。要知道，历史不会为任何人停留或改写，既然已经成了事实，最好坦然地接受它。

生活中并不是人人都能理智地面对失去，人们之所以对“失去”不能释怀，也许正是验证了那一句话：失去了才知道珍惜。拥有的时候不觉得好，等到失去才猛然发现，原来失去的东西是一件稀世珍宝。于是一直沉浸在回忆里，懊恼不已，更无心进取。而一个真正懂得生活的人，不会去计较一时的得失，他们会在一次次的彷徨失意中重新站起来，不断修养自己的身心。只有这样的人，才能品尝到成功的喜悦，成为生活的强者。

失去的就让它过去，也许有的东西本不属于你，失去了是还给社会一个公道，说不定对自己也是一种解脱。如果太过留恋，也许你将失去更多。雪花飘飘很美，可是它终究要化为一无所有；百花争宠很美，可是它终究要枯萎凋谢；傍晚的夕阳很美，可是它终究要西下。这些失去是必然的，你能留得住吗？既然人人都无法抗拒，就该顺其自然走下去，又何必为此伤神呢？

为小事而生气的人多数做不成大事

我们生活在世上的光阴只有短短的几十年，尽管如此，我们还浪费了许多时间，为一些一年之内就可忘了的小事发狂，这是多么可怕的损失，人生短暂，别为小事再浪费了我们享受生活的时光。

《人性的优点》

我们常常为一些不令人注意、因而也是应当迅速忘掉的微不足道的小事所干扰而失去理智。我们生活在这个世界上只有几十个年头，然而我们却为纠缠无聊琐事而白白浪费了许多宝贵的时光。试问时过境迁，有谁还会对这些琐事感兴趣呢？不，我们不能这样生活。我们应当把我们的生命贡献给有价值的事业和崇高的感情。只有这种事业和感情才会为后人一代代继承下去。要知道，为小事而生气的人生命是短促的。

这儿有一个哈里·埃默生博士讲述的非常有趣的故事，一个有关森林之王胜败兴衰的故事。

在科罗拉多河畔的一个山坡上有一株死去的大树。据生物学家估计，这株大树屹立在那儿已有400多年历史了。当初哥伦布在圣萨尔瓦多登陆时它已存在。在漫长的岁月中，它曾先后遭受过14次雷电的袭击；四个多世纪以来无数次的雪崩和风暴它都傲然挺过了。它巍然耸立在山上，不曾畏惧过一切强暴，可是在一群很不起眼的昆虫的攻击下，它却倒下了！这些昆虫穿透它的树皮，蛀空它的树心，用它们微弱的、然而不间断的进攻最终彻底瓦解了它的战斗力。一株参天的巨树，一株几百年来雷电劈不死、飓风刮不倒、任何东西摧毁不了的巨树，终于被一群小得可怜的、我们用手指头轻轻一压就会成烂泥的虫子征服了。

我们难道不也跟这株饱经风霜的森林之王一样吗？我们不也能经受住生活中各种风暴、雪崩、雷电的袭击，而却让忧郁“昆虫”渐啖我们的身心和情绪，而最终失却我们强壮的体魄吗？这些忧郁“昆虫”也都是用手指轻轻一压就会成为烂泥的区区小物啊。

即使像鲁迪埃德·基普林这样的非凡人物，有时也会忘记上述名言。因为他曾经向他的舅子起诉，造成了美国佛蒙特州历史上最有名的家庭不和案。曾有人专门对这个耸人听闻的案子著书立说，书名就叫《佛蒙特州基普林的家庭之争》。

事情经过是这样的：基普林跟佛蒙特州的一个名叫卡罗琳·巴勒斯蒂的姑娘结了婚。婚后，基普林便在该州的布拉特利博罗市修了一幢非常漂亮的房子，然后搬到那儿住下来度过他的垂暮之年。他的妻弟比特·巴勒斯蒂是他最要好的朋友，他俩工作休息都常在一块儿。

后来基普林买下了巴勒斯蒂一块地皮，并互相说定：巴勒斯蒂有权收割这块地上的青草。可是有一天巴勒斯蒂看见基普林正把这块草地改建成花园，这可把他气炸了，当即出言不逊，骂将起来。基普林也不示弱。于是佛蒙特这块草地之争便结下了两个朋友之间的冤仇。

几天之后，基普林骑着一辆自行车在路上碰见了他的妻弟巴勒斯蒂。

后者坐在一辆双套马车上挡住了去路，硬要基普林下自行车让他过去。就因为这么一点小事，基普林丧失了理智，发誓要到法院去告他的妻弟。一场耸人听闻的案子就这样发生了。新闻记者们从各大城市向布拉特利博罗蜂拥而至。消息传遍全世界。基普林从这次官司中得到了什么呢？一无所获。相反，他还不得不按照法庭审判，他跟他的妻子一起永远离开他在美国的这幢住宅！就因为这么一点区区小事，就因为园子里的一些青草，带来了这许多怨恨和痛苦，这又何必呢？“要是你能保持内心的平静，而不管他如何有负于你就好了！”基普林不无这样遗憾道。

两千多年前的古雅典政治家伯里克利斯就曾说过：“请注意啊，先生们，我们别太多地纠缠于小事了！”这一警言同样也适用于今天的人们。

凡是成功者，身上都没有多余的包袱

一般的情况下，人身上的包袱多数是一种生活累赘，这种累赘有些是天生的，有些是人自己为自己加上去的，对于给自己加上去的包袱，他们看得很重要，岂不知，他们的事业或希望都因此受到了拖累。

《思想的光辉》

生活中，有很大一部分人都陷在烦恼之中而不得安宁，甚至这些恼人的烦恼害得他们的生活不幸福，也是因为太想成功的缘故。

在前进的道路上，我们所做的每一件事情，都会有两道墙挡在我们的前方，一道是外在的墙，那是关于整个外部大环境的围墙；而另一道是我们内心所隐藏起来的墙，这就是心中因为太急于求成而产生的急躁和忧虑的杂念，一个人能否成功，关键要看其是否能够用坚强的意志去摒除杂念，抵达成功。

罗赛尔是国际著名的登山家，曾经常在没有携带氧气的情况之下，成功地登上海拔高达6400米以上的高峰，当然，这里还包括世界第二高峰——乔戈里峰。

其实，世界上的许多登山高手就是以不携带氧气瓶登上乔戈里峰为自己的第一目标。但是，几乎所有的登山高手只登到海拔6000米左右处，就无法继续前进了，因为这里的空气极为稀薄，人几乎会感到窒息。所以，对登山者来说，想要靠自身的体力与意志力独立去征服乔戈里峰峰顶，确实是一项极为严峻的考验。

然而，罗赛尔却突破了种种障碍达到了目标。他在接受记者采访时，说出了自己在前进中历经的过程。

罗赛尔认为，在突破海拔6400米的登山过程中，他最大的障碍就是内心各种翻腾的欲念。因为，在攀爬的过程中，你头脑中的任何一个小小的欲念，都会松懈人内心原本坚强的意念，转而变得渴望呼吸氧气，慢慢地让人失去征服的冲动与动力。继而，“缺氧”的念头就会产生，最终让人放弃征服的意志，接受失败！

罗赛尔说：“想要登上峰顶，首先要学会清除内心的各种欲念，要把成功看淡，你内心的欲望越多，你对氧气的需求就会越多。为此，在空气极度稀薄的状态之下，必须要排除一切的欲望与杂念！”

刻意追求的人，是很难抵达乔戈里峰之巅的。同样，刻意追求成功，把成功看得很重的人，也是很难获得成功的。因为过大过重的欲望同样是一种包袱，背上思想包袱的人同样是一种负担影响的成功。生活中，这样的例子在大多数人身上都存在：台下准备得滚瓜烂熟的主持词，一上台却忘得一干二净；和客户签一份重要合同，到了会场才发现，一切准确齐全，只是忘带了合同文本；科学家即将完成一项研究了很多年的实验，却在最后一步的时候因为一个极小的错误，功亏一篑。

当然，这里我们并不是说要完全地消除欲望，因为欲望是一个人不断向前的主要动力，这里主要是说，在追求成功的道路上，我们要摒除一切杂念，坦然面对，不要让“目标”或者“成功”成为内心的一种负担，如此这样才能轻松前行，才能更容易，获得成功。

眼下的事很重要，未来的事也同样重要

“生活就像剥洋葱，当我们在一片一片不停地剥开的过程中，会让我们辣的流泪。”但我们要达到剥开它的目的，我们就必须忍耐这种流泪。

《思想的光辉》

有一个发生在美国某所大学的故事，可能会给人们以启发：

在一堂哲学课上，在快下课的时候，老师给同学们出了这样一个“问题”。他让一个女学生到讲台上写下最难以割舍的20个人的名字。

女学生照做，这20个人的名字有他的邻居、朋友和亲人，等等。

当学生写完后，教授说：“请你划掉一个这里面的人。”

女学生划掉了一个她邻居的名字。

教授说：“请你再划掉一个。”

女生又划掉了一个她的同学。

教授又一次说：“请你再划掉一个。”

女生就又划掉了一个。

……

最终，黑板上仅仅剩下4个人，有她的父母、丈夫和孩子。教室内非常平静，所有的同学已经感道，这确实是一道难题。

这位教授最后再次平静地说：“请你再划掉两个。”

这位女生迟疑着，艰难地做着选择……她举起粉笔，划掉了父母的名字。

“请再划掉一个。”身边又一次传来了教授的声音。

这位女学生顿时惊呆了，用颤微微的手举起粉笔缓慢而坚决地又划掉了儿子的名字。紧接着，她就“哇”的一声哭了，样子非常痛苦。

教授等她平静下来以后，就问道："与你最亲近的人应该是你的父母和孩子，因为父母是养育你的人，孩子是你的亲生骨肉，而丈夫则是可以重新再找的，为何把丈夫作为你最难以割舍的人呢？"

同学便平静地回答说："随着时间的推移，父母会先我们而去，孩子长大以后，肯定也会有自己的家庭，会离我而去，而真正陪伴我度过一生的只有我的丈夫。"

生活就有如此多的无奈，痛苦不可避免，一生中，总会有那些让我们无可奈何的事情让我们落泪、难过。为此，我们要淡看人生路，笑对一切不幸际遇，糊涂处世，懂得尊重，学会放弃，珍惜人生，尽职尽责，这样才能让自己拥有和获得最完美的人生。

尽管生活很窘，但也要笑着生活

淡然是一个人面对生活所把持的基调，它决定着你在生活中是忙忙碌碌、惊慌失措，还是悠闲自得、怡然自乐。

《快乐的人生》

要说在生活中不管遇到多么大的变故和困难，仍能保持淡然生活姿态的人，没有超过犹太人的。

有着数千年文明的犹太民族，经过两千多年的流离失所，屡遭屠戮。他们没有国家、没有政府，在世界各地流浪，没有任何人保证他们的安全。然而，就是这样一个民族，却让世界刮目相看。在流散两千多年后，他们竟在这样的环境中复兴故国，让荒漠变成绿洲，他们的农业、教育、科技和军事都很发达。这样的一个民族，让世界都为之震惊。他们经历了无数次的痛苦和磨难，通过自己的智慧化解这种悲伤，通过自己特有的幽默驱散数千年来面临的痛苦。即使是面对颠沛流离，居无定所的日子，他们依然靠着幽默顽强地生存了下来。

有一对犹太老夫妻，他们很穷，有时还挨饿。在一次断粮时，老头对妻子说：“老伴，咱们给上帝写封信吧！”于是他们写了信，求上帝帮忙。还签了名，写了地址，封好。“我们怎样才能把这封信寄到上帝那里去呢？”老伴不放心地问。

“上帝无所不在。”老头答道，“我们的信无论用什么方法寄，他都一定能收到。”于是他走出门去，把信一扔，看着信被风吹走了，他也进屋了。

这封随风飘荡的信落到了一位富人的手里，他好奇地捡起信，被信里老夫妇的虔诚和天真给打动了，富人非常同情他们，并决定帮助他们。于是，他按照信上的地址，敲开了老夫妻的门。“约瑟先生住在这里吗？”他问道。

“我就是，”老头答道。富人对他说：“几分钟之前上帝收到你的信，我是他在美国的使者，他叫我给你送来100美元，聊补一下生活。”

“你瞧怎么样？”老头高兴地大声说，“上帝收到我们的信了！”

老夫妇收下了钱，对上帝的使者千恩万谢。但当那位先生走后，老头满腹狐疑。妻子问他怎么了，老头幽默地说：“那个代理人看上去一点也不诚实，他可能同我们耍了滑头。很可能上帝给了他200美元，可他却留了一半做佣金。”

当然，老头不是真的在怀疑富人，这只是一个调侃而已。

人富有未必就开心，贫穷未必就苦闷。生活中要充满笑声和欢乐，这才是明智的人生。俗话说：“笑一笑，十年少。”意思就是让我们对生活充满激情，尽情享受生活的每一天。

面对痛苦，不要一味地回避和躲让。因为有了痛苦，人生才变得多姿多彩，意志才变得坚忍不拔，思维才变得成熟敏捷。学会迎接痛苦、医治痛苦、化解痛苦，将痛苦看做一种锻炼。它是走向幸福生活的开始。

有这样一个故事：一位母亲因为她的儿子总是愁眉苦脸，于是在每天早上吃早餐时，就说一个笑话给儿子听，让儿子能高高兴兴地去上学。几个月后，她发现儿子的学习成绩有明显进步，于是她就更注意快乐心情对一个人的影响，也借机使自己的每一天都过得更充实幸福。事实上，幸福无所不在，“保持高度的幽默感”是关键之一。“天才老爹”比尔·寇斯比曾说：“你可以把所有的痛苦都用笑声来替代。只要能在任何事物上发现它们的幽默之处，那么所有的困难就都能克服了。”

痛苦与快乐永远是相辅相成的，当面对痛苦时，要用快乐的心态去对待它。应该这样想：正因为有了痛苦，快乐才如此让人记忆深刻，它让生活多了一种味道。让我们更珍惜幸福。

一个拥有幸福感的人，无论走到哪儿；都会觉得自己幸福自得。要想成为一个幸福的人，必须先敞开自己的心扉。

亚伯拉罕·林肯曾经说过：“我一直认为，如果一个人决心想获得某种幸福，那么他就能得到这种幸福。”俗话说得好，相由心生，境由心转，选择幸福才会感到幸福。如果整天沉溺在自己悲伤的情绪中，什么时候也发现不了快乐。相反，如果在生活中随处收集点点滴滴的快乐，自然而然的自己眉宇间就会散发出光彩。

犹太人有一个“飞马腾空”的故事。

古时候，有一个人被判了死刑，这个人向国王请求饶他一命，他说：“只要给我一年的时间，我就能使您最心爱的马飞上天空。如果您的马不能在天空飞翔，我愿意被处死刑，绝不会有半点怨言。”

国王答应了他。

在他回到牢房之后，另一位囚犯对他说：“你不要信口开河，马怎么能飞上天空呢?”

这个人说：“在这一年内，也许国王会死，也许我会死，也说不定那匹马出了意外送了命，谁知道会发生什么呢？所以只要有一年的时间，也许马真的能飞上天空呢!”

纵观犹太人颠沛流离的历史，到处都弥漫着这种乐观的精神，他们面对的痛苦是什么事情也无法相比的，同样，相对于我们来说，还有什么痛苦值得悲伤。所以，要用笑声替代痛苦。

淡然处世的人总能看到事物光明的一面，他们懂得如何化解痛苦。所以，他们总是处处受到欢迎。快乐者，即使处于人生的低谷，仍信心百倍。淡然者生活很从容，宁静自我，感染他人。

俗语说得好：“幸福的心灵就像良药一样易使病人康复。”把痛苦紧紧地抱在怀里，会使一个人最终被痛苦淹没。“把生活看得太严肃，还有什么价值呢?”歌德曾经说过，“如果早上醒来我们没有感受到新的喜悦，如果夜晚降临没有赋予我们对新的幸福的期望，那么每天的睡觉和醒来还有什么价值呢？今天的阳光照耀在我身上，我应该去认真地感受生活。”

淡然是生活的基调，是人生中最安逸的状态。无论遭遇到什么困难，只要不顾一切地拥抱生活、寻求快乐，就能从痛苦中得到解脱。也只有乐观向上的人，才能理解和享受生活；只有经历痛苦并用快乐代替痛苦的人，才能真正了解生命、热爱生活、快乐生活。这才是自己幸福生活的根源。

不做一些无谓的忙碌

怎样的生活才是理性的生活呢？就是该忙碌的事忙碌，不该忙碌的事就不忙碌，或者是干脆就舍掉。

《人性的优点》

现代社会竞争日益激烈，生活节奏变得越来越快，这是个事实，但它是不是就让每个人的生活越来越压抑，越来越没有自己的空间呢？对于有些人是，但对淡定生活的人来说则不是。

有些人终日被工作日程表束缚，上面记满了他们每天必须要做的事，它占据了我们生活的中心，而在稍微的放松时，又被电视、电影、电脑游戏、健身场所、娱乐中心所淹没，这看似忙碌的下面也掩盖了现代人害怕无聊寂寞的事实，我们几乎没有了独立思考的时间，我们再也不给心情放假了。

爱琳·詹姆丝曾经是美国倡导简单生活的专家。作为一个作家、一个投资人和一个地产投资顾问，在这个领域努力奋斗了十几年后，有一天，她坐在自己的办公桌前，呆呆地望着写满密密麻麻事宜的日程安排表。突然，她意识到自己对这张令人发疯的日程表再也无法忍受下去了。自己的生活已经变得太复杂了，用这么多乱七八糟的东西来塞满自己清醒的每一分钟简直就是一种疯狂愚蠢的生活。就在这时，她做出了一个决定：她要开始简单的生活。

于是，她着手开始列出一个清单，把需要从她的生活中删除的事情都排列出来。然后，她采取了一系列“大胆的”行动。首先，她取消了所有电话预约。其次，她停止了预订的杂志，并把堆积在桌子上的所有读过、没有读过的杂志全部清除掉。她注销了一些信用卡，以减少每个月收到的账单函件。通过改变日常生活和工作习惯，使得她的房间和庭院的草坪变得更加整洁。

爱琳·詹姆丝说：“我们的生活已经变得太复杂了。在我们这个世界的历史进程中，从来没有像我们今天这个时代拥有如此多的东西。这些年来，我们一直被诱导着，使得我们误认为我们能够拥有这一切的东西，我们已经使得自己对尝试新产品都感到厌倦。许多人认为，所有这些东西让他们沉溺其中并且心烦意乱，因为它们已经使得我们自己失去了创造力。

“因为受习惯的生活方式的影响，你每天有多少活动是不得不勉强去做的？追求舒适的习惯和繁琐的例行公事是否让你的日常生活落入浪费时间，浪费精力的陷阱？其实减少那些程式化的活动，并不会因此减少快乐的机会。

“习惯驱使我们去做所有这些日常琐事。我们总是担心如果我们不去做，就会失去什么东西。其实，也许我们的确会失去什么东西，但是这没什么不好，我们还是好好地活着。还不仅仅是活着，而是活得更潇洒了，因为我们再也用不着试图去做所有的事情，看看那些对人类的艺术领域、音乐领域、科学领域做出过卓越贡献的人，如毕加索、莫扎特、爱因斯坦，这些人都生活在极为简单的生活之中。他们全神贯注于自己的主要领域，挖掘内在的创造源泉，因此，获得了丰富精彩的人生。”

适当放弃，也是对捆绑自己的背包的一次清理，丢掉那些不值得我们带走的包袱，拿走拖累我们的行李，我们才可以简单轻松地走自己的路，人生的旅行才会更加愉快。

闲暇之余，我们不妨拿出一张纸来，列一个表，把自己自制的娱乐方式和娱乐项目列出来。想想野炊或野营，自制个轮船模型，锻炼一下身体或种点花草，甚至读书、画画、写文章都挺有趣的。我们也许会感到这些娱乐游戏和活动较实惠，而且它同样会让我们每一个人都感到开心。

摒弃那些多余的东西，不要让自己迷失方向，贪婪地占有只会占用大量的时间和精力，而这些时间和精力本来可用于我们真正希望去做的事情上。

伟大的哲学家尼采曾经说：“所有的伟大思想都是在散步中产生的。”生活中一些不起眼的行为就能让你感到轻松舒适，散步就是其中最好，最简单、也是最廉价的一种。

适当的时候，我们要给舍弃一些无谓的忙碌，给自己的心情放个假。当你面对工作的负荷，再也无力应战的时候，当你遇到烦心事，思绪混乱的时候，不妨给自己一点独立的安静的环境，不妨去公园逛逛，欣赏姹紫嫣红的美景，游人灿烂的笑脸胜似晴空，如茵的绿草地上，嬉戏的顽童一脚把足球踢上天空，这一切将你的心中充满丝丝绿意，拥有一个好心情。这时你会突然发现：天是那么湛蓝，云也分外洁白，这个世界也真的好美丽，而这时你也会拥有一份好心情！你不妨撑起一把小花伞在雨中漫步，在青石板小巷里欣赏雨中美景，那细雨会把你的坏心情洗得一尘不染……

生活赋予我们什么，我们就坦然接受什么！

世界上没有人会无缘无故地去主动承受噩运，但噩运漫无目标非要降临的时候，不管降临到谁的头上都是合理的。

有这样一个故事：有个小男孩因为烫伤在背上留下了两块伤疤，在一次洗澡的时候被幼儿园的小朋友发现了，大家纷纷把他当做一个怪物。幼儿园的老师告诉小朋友，每个孩子在出生之前都是一个有着翅膀的小天使，他们降临到人间的时候需要褪掉自己的翅膀，有的小孩子太着急了，不等翅膀褪干净便来到了人间，背上也就留下了伤疤。听到了这个故事，小朋友都对小男孩的伤疤非常羡慕，小男孩也因为自己背上有伤疤而欢欣雀跃。

故事很简单，但是却能告诉我们一个道理：面对自己的缺憾，不如给它编织一个动人的童话，你的缺憾也会因为这个童话而可爱起来。

一般情况下，人们会极力掩饰自己的缺憾，这样做反而会欲盖弥彰。其实无论一个人有多完美，都会有微小的瑕疵。不要刻意掩饰自己的缺陷，你会因为真实而受到人们的喜欢。

不要在小事上浪费我们太多的时光

在小事上浪费时间最可惜，有的人对时间采取毫不在乎的态度，对时间的利用敷衍了事。他们与同事扯些无聊的废话，或没完没了地打电话……这是多么可怕的损失。

《人性的优点》

我们通常能很勇敢地面对生活中那些大的危机，可是，却被芝麻小事搞得垂头丧气。就像森林中的那棵身经百战的大树，经历生命中无数狂风暴雨和闪电的打击，但都撑过来了。可是我们的心却会被忧虑的小甲虫——那些用大拇指跟食指就可以捏死的小甲虫所吞噬。

所以，我们应该认识到，生命太短了，我们不能被小事绊住前进的脚步。

一位父亲在教他 5 岁的儿子使用剪草机，父子俩正剪得高兴，有人给父亲打电话，于是他进屋去接电话。等父亲接完电话出来时，却发现儿子把剪草机推上了郁金香花圃，把他心爱的郁金香剪得乱七八糟。

父亲当即暴跳如雷，扬起手就要打儿子。正在这时母亲走出来了，她看了看满目狼藉的花园，然后温柔地对丈夫说：“喂，我们现在人生最大的幸福是养孩子，不是养郁金香。”

三秒钟后，父亲放下了手，恢复了平静。

没错，我们要抓住的是生命中最重要的东西，而不是生活的细枝末节。

一位散打高手曾经以一双迅猛无敌的快腿令前来与之切磋武艺的人个个佩服得五体投地，用“威震武林”四个字来形容这位散打高手的腿脚功夫实在是恰当至极。可是现实真如人们经常说的那样“命运弄人”。一次意外，散打高手的双腿却齐刷刷地摔断了！一向以腿脚功夫威震武林的散打高手此时连站立和行走都成了问题，过去迅猛无敌的快腿，此时只留下一双空空的裤管。

等到散打高手从昏迷中彻底清醒过来时，徒弟们几乎不敢告诉他这个惨痛的消息，他们甚至不敢想象师傅看到一双空裤管时会有怎样的反应。可是当大师看到一双空裤管时，他没有像弟子们想象的那样慌乱，更没有捶胸顿足地表达自己的痛苦和抱怨命运的不公。他让徒弟们把自己扶起来，平静地吃下一些饭菜，然后就像过去一样坐在那里练习内功了。练习完内功，看着一脸茫然的弟子们，散打高手说道：“我想说两件事：第一，以后谁还想练腿脚功夫我还会像以前一样认真教导，只不过很难再亲自示范了；第二，从今天起我要练习臂掌部位的功夫，我相信自己不会因为失去双腿而变成废人，你们也不必因为师傅失去双腿而放弃在武学上的修炼。”

几年以后，这位散打高手以其出色的掌上功夫赢得了更多人的敬仰。当一位多年不见的老友因看到他失去双腿而流泪叹息时，这位武学大师微笑着对老友说：“我把过去的一切都扔掉了，所以能轻轻松松地生活、练武，可是你怎么还让几年前的痛苦扰乱我久别重逢的兴致呢？”

过去或成功或失败，快乐或伤痛，都属于过去，留在昨天的阴影中不肯走出就永远看不到前面的阳光。我们不该在一日之初、黎明升起之时还背负着昨日的伤痛，记忆是痛苦的根源。过去的一切都让它随风而逝吧，不要让昨天的伤痛令自己痛悔一生。

我们口口声声地说要向成功的方向迈进，但是在通往成功的道路上，真正阻碍我们前行的却不是环境的险恶和道路的坎坷，更不是“上天”的故意捉弄，而是不断寻找借口为自己开脱。懒惰的人会为自己的拖延和无所作为寻找借口来加以掩饰，伪善者会为自己的恶行寻找美丽的谎言来进行遮掩，懦弱的人会抱怨“老天”善待众生而唯独不眷顾自己，最终，这些人在自己编织的种种借口之中亲自葬送了到手的成功机会，可以说他们亲自为自己的失败挖好了坟墓。

八

培养自信，自己的生活由自己做主
——自信，做一回全新的自己

自信的人是内心强大的人，因为自信是一种来自内心的果敢和力量。我们只有自信，才能做自己真正的主人，有如舵手才能在惊涛骇浪中把握住我们人生的航向，穿出层层迷雾，一步步驶向成功。

别把困难在想象中放大

有时困难在想象中会被放大一百倍，事实上，当你走出了第一步，你就会发现那些麻烦与困难只是为吓唬懦弱者和自卑者所设置的障碍。

《智慧的锦囊》

琼斯大学毕业后如愿考上当地的《明星报》记者，这天，他的上司交给他一个任务：采访大法官布兰代斯。

第一次接到重要任务，琼斯不是欣喜若狂，而是愁眉苦脸。他想：自己任职的报纸又不是当地的一流大报，自己也只是一名刚刚出道、名不见经传的小记者，大法官布兰代斯怎么会接受他的采访呢？同事史蒂芬获悉他的苦恼后，拍拍他的肩膀，说："我很理解你。让我来打个比方——这就好比躲在阴暗的房子里，然后想像外面的阳光多么的炽烈。其实，最简单有效的办法就是往外跨出第一步。"

史蒂芬拿起琼斯桌上的电话，查询布兰代斯的办公室电话。很快，他与大法官的秘书接上了号。接下来，史蒂芬直截了当地道出了他的要求："我是《明星报》新闻部记者琼斯，我奉命访问法官，不知他今天能否接见我呢？"旁边的琼斯吓了一跳。

史蒂芬一边接电话，一边不忘抽空向目瞪口呆的琼斯扮个鬼脸。接着，史蒂芬听到了他的答话："谢谢你。明天1点15分，我准时到。"

"瞧，直接向人说出你的想法，不就管用了吗？"史蒂芬向琼斯扬扬话筒，"明天中午1点15分，你的约会定好了。"一直在旁边看着整个过程的琼斯面色放缓，似有所悟。

多年以后，昔日羞怯的琼斯已成为了《明星报》的台柱记者。回顾此事，他仍觉得刻骨铭心："从那时起，我学会了单刀直入的办法，做来不易，但很有用。而且，当第一次克服了心中的畏怯，下一次就容易多了。"

一家报纸刊登了这样一个故事，说的是迪克一天上午刚从外面办完事回来，就听同事说公司经理在找他。因为迪克是新人，刚到公司的时间还不到一个月，经理找他自然是引人注目的。而他刚想去经理办公室的时候，经理却走了进来，拍着迪克的肩膀问："你是学文学的，在大学里搞过宣传策划活动吗?"迪克点点头。经理又说："那你就搞一个公司的产品宣传方案吧，请尽快交给我。"既然是经理的吩咐，迪克便想也没想就应承下来。

经理走了后，旁边的同事便凑了过来，神秘地对迪克说："这下你可交运了，这可是一项重要的任务，想不到经理会分派给你做。"看着他一头雾水的样子，同事又解释说："这是昨天总部刚吩咐下来的工作，做得好你或许会被调到总部工作呢。不过这份方案的好坏也关系到我们分公司的形象。"

听同事说得这么慎重，迪克却变得忧心忡忡起来。其实，在学校里他搞的都是一些小打小闹的活动，完全不能和这大公司的活动相提并论。如果宣传方案策划得还可以，这是他工作的分内事，如果搞得不好，那可影响到经理和整个公司的形象。迪克胡思乱想着，真后悔当初这样草率地把这个任务接手过来。

过了半晌，迪克迟疑地敲开了经理的办公室。他语无伦次地对经理说："我在学校里搞的只是一些小型活动的设计，而我来公司时间还不长，对公司的情祝还不太熟悉，况且公司里那些老员工搞宣传方案比我强得多……"他一口气说了许多理由，迪克也不考虑他推辞这任务后经理会对他有什么看法，他只是想告诉经理他不能胜任这个重要的任务，恐怕做不好影响了公司的形象。

谁知经理却只是顾自埋头看手中的文件，过了好久才抬头说："你怎么知道我要你写的方案是送给公司总部的文件?那么重要的东西我当然自己会写的，我只是想看一下你的策划能力。"

听了经理的话，迪克才如释重负。回去后，他便利用这段时间对公司产品的了解和自己在大学时搞活动的一些经验，再加上平时自己在报纸电台留意的一些创意，一份活动方案没多久就放在经理的办公室案头。

就在迪克快忘了这件事的时候，一天，他被经理叫进了办公室。经理递给他一份文件，原来那就是迪克写的宣传方案，不过上面还写了几句批语："思路清晰，创意新鲜，切实可行。"下面却是公司总部总经理的签名。

经理最后告诉迪克，这次他其实是骗迪克的，但他相信迪克的能力，相信迪克一定会把宣传方案搞得很出色，只不过迪克缺少了一份自信，把一些微不足道的困难放得太大了。

的确，生活中我们常会碰到许多困难和坎坷，但只要我们增添一份自信、减少一份怯懦，别把困难放得过大，那再大的困难也会被我们征服，再多的坎坷也会被我们跨越。生活中其实没有什么真正的难事，只是我们常常缺少一份战胜困难的信心。

使一个人拥有强大力量源泉的是他的内心

对一个人所做的计划和行动，最有决定权的是自己的内心，因此，一个人的内心是否强大，自信对一个人所做的事业能否成功起着关键性的作用。

《智慧的锦囊》

一个星期天的早晨，布朗本来打算要好好睡一个懒觉，但是有一种强烈的罪恶感驱使他起身去教堂做礼拜。

布朗洗漱完毕，收拾整齐，匆匆忙忙赶往教堂。礼拜刚刚开始，布朗在一个靠边的位子上悄悄坐下。牧师开始祈祷了，布朗刚要低头闭上眼睛，却看到邻座先生的鞋子轻轻碰了一下他的鞋子，布朗轻轻地叹了一口气。

布朗想：邻座先生那边有足够的空间，为什么我们的鞋子要碰在一起呢？这让他感到不安，但邻座先生似乎一点儿也没有感觉到。

祈祷开始了："我们的父……"牧师刚开了头。布朗忍不住又想：这个人真不自觉，鞋子又脏又旧，鞋帮上还有一个破洞。

牧师在继续祈祷着，"谢谢你的祝福。"邻座先生轻轻地说了一声，"阿门!"布朗尽力想集中心思祷告，但思绪忍不住又回到了那双鞋子上。他想：难道我们上教堂时不应该以最好的面貌出现吗？他扫了一眼地板上邻座先生的鞋子，认为邻座的这位先生肯定不是这样。

祷告结束了，唱起了赞美诗，邻座先生很自豪地高声歌唱，还情不自禁地高举双手。布朗想，主在天上肯定能听到他的声音。奉献时，布朗郑重地放进了自己的支票。邻座先生把手伸到口袋里，摸了半天才摸出了几个硬币，"叮啷啷"放进了盘子里。

牧师的祷告词深深地触动着布朗，邻座先生显然也同样被感动了，因为布朗看见泪水从他的脸上流了下来。

礼拜结束后，大家像平常一样欢迎新朋友，以让他们感到温暖。布朗心里有一种要认识邻座先生的冲动。他转过身子握住了邻座先生的手。

邻座的先生是一个上了年纪的黑人，头发很乱，但布朗还是谢谢他来到教堂。邻座的先生激动得热泪盈眶，咧开嘴笑着说："我叫查理，很高兴认识你，我的朋友。"

邻座先生擦擦眼睛继续说道："我来这里已经有几个月了，你是第一个和我打招呼的人。我知道，我看起来与别人格格不入，但我总是尽量以最好的形象出现在这里。星期天一大早我就起来了，先是擦干净鞋子、打上油，然后走了很远的路，等我到这里的时候鞋子已经又脏又破了。"布朗忍不住一阵心酸，强咽下了眼泪。

邻座先生接着又向布朗道歉说："我坐得离你太近了，当你到这里时，我知道我应该先看你一眼，再问候你一句。但是我想，当我们的鞋子相碰时，也许我们就可以心灵相通了。”

布朗一时觉得再说什么都显得苍白无力，就静了一会儿才说：“是的，你的鞋子触动了我的心。在一定程度上，你也叫我知道，一个人最重要的是他的内心，而不是外表。”

5年前，斯蒂芬·阿尔法经营的是小本农具买卖。他过着平凡而又体面的生活，但并不理想。他一家的房子太小，也没有钱买他们想要的东西。阿尔法的妻子并没有抱怨，很显然，她只是安于天命但并不幸福。

但阿尔法的内心深处变得越来越不满。当他意识到爱妻和他的两个孩子并没有过上好日子的时候，心里就感到深深的刺痛。

但是今天，一切都有了极大的变化。现在，阿尔法有了一所占地2英亩的漂亮新家。他和妻子再也不用担心能否送他们的孩子上一所好的大学了，他的妻子在花钱买衣服的时候也不再有那种犯罪的感觉了。明年夏天，他们全家都将去欧洲度假。阿尔法过上了真正的生活。

阿尔法说：“这一切的发生，是因为我利用了信念的力量。5年以前，我听说在底特律有一个经营农具的工作。那时，我们还住在克利夫兰。我决定试试，希望能多挣一点钱。我到达底特律的时间是星期天的早晨，但公司与我面谈还得等到星期一。晚饭后，我坐在旅馆里静思默想，突然觉得自己是多么的可憎。‘这到底是为什么？’我问自己，‘失败为什么总属于我呢？’”

阿尔法不知道那天是什么促使他做了这样一件事：他取了一张旅馆的信笺，写下几个他非常熟悉的、在近几年内远远超过他的人的名字。他们取得了更多的权力和工作职责。其中两个原是邻近的农场主，现已搬到更好的地区去了；其他两位阿尔法曾经为他们工作过；最后一位则是他的妹夫。

阿尔法问自己：什么是这5位朋友拥有的优势呢？他把自己的智力与他们作了一个比较，阿尔法觉得他们并不比自己更聪明；而他们所受的教育，他们的正直，个人习性等，也并不拥有任何优势。终于，阿尔法想到了另一个成功的因素，即主动性。阿尔法不得不承认，他的朋友们在这点上胜他一筹。

当时已快深夜3点钟了，但阿尔法的脑子却还十分清醒。他第一次发现了自己的弱点。他深深地挖掘自己，发现缺少主动性是因为在内心深处，他并不看重自己。

阿尔法坐着度过了残夜，回忆着过去的一切。从他记事起，阿尔法便缺乏自信心，他发现过去的自己总是在自寻烦恼，自己总对自己说不行，不行，不行！他总在表现自己的短处，几乎他所做的一切都表现出了这种自我贬值。

终于阿尔法明白了：如果自己都不信任自己的话，那么将没有人信任你！

于是，阿尔法做出了决定："我一直都是把自己当成一个二等公民，从今后，我再也不这样想了。"

第二天上午，阿尔法仍保持着那种自信心。他暗暗以这次与公司的面谈作为对自己自信心的第一次考验。在这次面谈以前，阿尔法希望自己有勇气提出比原来工资高750甚至1000美元的要求。但经过这次自我反省后，阿尔法认识到了他的自我价值，因而把这个目标提到了3500美元。

结果，阿尔法达到了目的。他获得了成功。

世界上许多困难的事情都是由那些自信心十足的人完成的。如果你有了强大的自信心，成功离你就近了。

主宰自己的意志

意志是完全属于我们自己的东西，人生道路选择的正确与否，也取决于每个人自己。积久的习惯和物欲的诱惑不应当成为奴役我们的主人，相反，我们是它们的真正的主人。

《思想的光辉》

关于意志自由的问题，不管逻辑学家从理论上得出什么样的结论，在实践中，每个个体都会感觉到，他在善恶之间进行选择是自由的。他不只是一根被抛入水中作为判断水流方向的稻草，而是一位身怀绝技、本领高强的弄潮者，有能力乘风破浪，勇立潮头，并在很大程度上自己掌握航向。没有什么东西能绝对约束我们的意志，我们能在实践中感觉到，也能清醒地认识到我们的意志没有被魔力迷住，没有让魔力牵着鼻子走。否则，如果我们不这样思考问题，那么，所有良好的愿望都会化为泡影，无法实现。我们全部事业和行为方式，虽然遵循家庭的准则、社会的调节和公共制度，但是事物的实际进程都表明了人的意志是自由的。如果没有意志自由，哪里还有什么责任感可言？那教育、忠告、布道、谴责和惩罚又有何补益？如果法律不是人们的普遍信念，人们不把它作为自己作出的决定来普遍遵守，那么，法律又有什么作用呢？在我们生活的每时每刻，坚守良心表明我们的意志是自由的。

即使我们真正下决心要成为习惯和诱惑的主人，我们也不需要超出我们自身所具有的、更坚强的意志。

有一次，莱蒙雷斯告诫一个年轻小伙说："现在，你已经到了该自己拿主意的年龄了。否则，将来有一天，你会置身于你自掘的坟墓中呻吟哀嚎，你无力推开堵住坟墓出口的岩石。对于我们来说，最容易形成习惯的就是意志力。你应该好好学习，然后坚决果断地做出决定。这样，就会使你漂泊不定的生活安定下来，不再像秋风中的落叶，随风飘零，任意东西。

柏克斯顿坚信年轻人做事喜欢意气用事，随兴之所致，除非他已经形成了坚强的决心并能持之以恒。柏克斯顿在给他的一个儿子的信中写道："现在，你已到了该对人生方向做出自己的选择的关键时期，你必须制订出抵御不良影响的保护性原则，必须果断地做出自己的决定，充分地表现自己的聪明才智。否则，你就会陷入无所事事的困惑之中，养成漫无计划和目标、做事效率极为低下的习惯和性格特征，成为一个懒散拖沓的年轻人。而一旦你堕落到这种地步，你就会发现找回失落的自我可决非易事。我坚信年轻人喜欢随心所欲，凭一时兴趣行事，我曾经就是那样……我生活中的乐趣和全部的成功，都源于我在与你现在的年纪相仿时所做出的转变。如果你在年轻力壮、精力充沛的时候，下决心勤勉用功、做事严肃认真，那么，在你的整个人生中，你会感到欣慰和愉快，因为你的决定是明智的。"

意志，如果不考虑人生方向问题，那它就只不过是持之以恒、坚持不懈和不屈不挠的同义语。但是，显而易见，任何事情都有赖于正确的方向和良好的动机。如果一个人追求的方向是感官的快乐，那么，坚强的意志可能是可怕的恶魔，而聪明的才智只不过是它的下贱的奴仆。但是，如果一个人追求的是真善美，那么，坚强的意志就是造福人类的君王，而聪明才智才是人类最高财富的侍臣。

不断地重整自己奋进的旗鼓

所谓的强者，就是内心强大的人，内心强大的人就是在为自己选定的目标的奋斗中，相信自己的实力，即使有一时、一次的失败也坚信自己是最后的胜利者。

《思想的光辉》

任何人在生活中所遭遇的打击与困难一旦不断累积，或种种问题逐渐增加时，均有可能耗尽个人的心力，使自己不断衰弱而陷入绝望境地，因为当人们面临这样的处境时，个人的真正能力往往会转向模糊，尽管事实并非如此，但却容易导致人失魂落魄。

此时，最重要的是务必对自己所持有的资产重新评估。如果能够以合理、正确的态度进行评估，那将有助于你认清事实，进而了解情况，并没有你所想像的那般糟糕。

有一次，一位50来岁的先生来找我寻求帮助与建议，他正处于失意的困境中，并显出绝望无助的模样。他对我表示："我已经不行了!"并悲叹地说道，他花了一辈子功夫努力所得到的资产竟突然毁于一旦。我问他："完完全全的吗?"他回答说："是的，一点也不错！现在，我已经上了年纪，即使想东山再起，也没有这个本钱了。而且，我已经信心尽失了。"他继续说着。

我对他的境遇感到遗憾和同情。不过，由于他烦恼的真正原因在于失去希望后一种悲观的阴影进入他的心中，进而扭曲了他的人生观，因此，我试图唤醒他的积极人生。

我对他说："拿张纸来，把你剩余的资产一一记下来。"他叹息地说："没有用的！我刚才不是已经告诉你了，我已经一无所有了。"

“没有关系，让我们试试看。你太太还在你身边吗？”

“你为何这样问？当然在了！她是了不起的女人。我们结婚已经30多年，不论发生任何大风大浪，她也绝对不会离开我或提议离婚的。”

“好！就把这点写下来吧！——我的妻子依然跟我同甘苦、共患难，而且绝对不会提议离婚。现在谈谈你的孩子，你的孩子怎么样呢？”

“我有两个孩子，而且都是好孩子。我很感谢他们曾经很贴心地对我说：‘我们喜欢你，我们希望能够帮助爸爸！’”

“那么第二点就是——我拥有两个深爱着我，且希望帮助我的孩子。”

你的朋友如何呢？

“我有真正称得上了不起的朋友，他们是善良的温和的好人。他们都曾对我表示乐于施以援助之手，但是他们能帮得上什么忙呢？实际上，他们并不能真的做些什么！”

“好了，第三点也出来吧——我有一些好友，他们乐于帮助我，也对我相当尊敬。”“关于你个人的诚信与认真程度如何呢？还有，你有没有做过错事？”

“我的认真态度可说是接近完美的，从过去以来，我一直努力做些正当的事，而且我的良心也没有受到蒙蔽。”

“好的！把第四点的答案写下来吧——诚实。那么，你的健康情况如何呢？”

“我的健康情况良好，我几乎没有因病告假。我想，我的身体是相当健壮的。”

“非常好！现在把第五点的答案记下——良好的健康状况。对于我们政府，你有没有什么意见呢？你认为它将继续繁荣成长，并拥有希望吗？”

“是的，我国是一个优秀的国家，我想她是世界上唯一让我想定居的地方。”

“这是第六点答案——我居住在充满希望的国家里，并且相当乐意居住于此。”

现在，把我们拥有的资产列举出来——

了不起的妻子……结婚30年；

愿意帮助我的两个乖顺的孩子；

乐于帮助我，并尊敬我的好友；

诚实……没有做过可耻的事；

良好的健康状况；

居住在世上最优秀的国家。

我将写好的纸片推向坐在桌子那端的他，并对他说："你看吧！我想你完全持有上面列举的这些资产。虽然，你曾经自以为失去了一切而一无所有……"

他莞尔一笑，对我表示："我好像没有想过这些事，甚至从来没有思索过。不过，现在我认为事态并不如我想像的那般严重。"他仿若深思地自语道："如果我能获得某些自信，如果我能自觉有某些力量在我体内，或许我真的能够重新再来！"

就这样，他获得了东山再起的巨大力量。他之所以能够如此，主要是由于想法的改变——亦即心态的转换。积极乐观的信仰与观念带领他走出怀疑的阴影，并在他的内心赋予足以克服一切困难的充分力量！

心态比事实更重要

一个人命运的好坏，并非天生注定，也不能被别人操纵。一个人一生不可能永远幸运，也不可能永远被厄运纠缠。要相信，命运由我们自己创造，命运掌握在每个人的自己手里。

《人性的弱点》

现在将要讨论的重点，是有名的精神分析家卡尔·梅宁格博士在重要的演说中所必定讲述的真理，那就是“态度比事实更重要”。这句话确实值得人们深省，并反复记诵，直至能够有所领悟为止。

无疑地，我们所遭遇的任何困境，无论多么困难，甚至看来几乎到达绝望的边缘，实际上若和我们所面对这事实的心态比较，其严重性往往要来得轻微许多。你对于事情的看法如何呢？面对事情时，大多数人往往在还未采取任何应对措施之前，便已在心态上决定了成败结果。如果这个答案在心态上是负面的，那么可以说是不战而败了。相反地，如果秉持自信与乐观的态度面对问题，便极有可能克服逆境，甚至反败为胜。

有一个相当特别的人，他不仅拥有优异的才能，而且总是显得充满信心。他在公司中可以称得上是无人能与之匹敌的伟大人物，每当同事们陷入悲观的念头，他能冷静地提出分析与建议，直到他们重新审视问题，并产生积极的想法为止。

事实上，这种心态变化的主因在于是否拥有自信。自信能够帮助个人免于失去评估事实的客观性，且避免沦为病态自卑感下的牺牲者，而达成这种矫正心态唯一的秘诀就是让心态恢复正常。换言之，要使心态经常保持积极的一面。

因此，当你有了挫败感，或垂头丧气、自信尽失时，不妨冷静地坐下来，拿出纸张作个图表。这个图表并非要记载与自己敌对的事物，而是要记下赞同自己的事物，然后清楚地加以确认，并把心思意念集中在上面。如此一来，不论发生任何困难，你都能顺利克服。此外，你内在的力量也会因此而复生，使失败的局面扭转成为胜利。

自信其实是由于习惯性的思想意念。如果我们经常存有失败的念头，你便已经输掉了一大截。然而相反地，倘若我们对自己充满信心，并具有主宰自我的意志与习惯，那么即使面对逆境，也能泰然处之。这种强而有力的信心事实上便是来自于自信。换言之，自信是力量增长的源泉。

贝尔鲁金曾说过：“大胆些吧！这样将会产生对你有所帮助的强大力量。”而经验也证明这的确是一个真理。事实上，随着信仰程度的增加，将会使个人意识到逐渐加强的力量正在帮助自己。

爱默生也曾表示：“相信有志者事竟成的人终将赢得胜利。”

让信仰的力量和心安的感觉充满心中，就是获得自信的秘诀，也是去除疑惑、克服缺乏信心的最佳方法。

人生中的有些无奈并不能影响人生的精彩

我们并不能阻止人生中的有些无奈，但我们绝对有能力去无视这些无奈而创造我们的精彩人生。

《思想的光辉》

在每个人的生活中都或多或少、或大或小地有一些我们自身无法克服的无奈：失去是无奈、错过是无奈、思念是无奈、后悔是无奈、生死离别也是无奈……总之，我们对生活或事物产生的一种无可奈何、无计可施的态度，都是无奈。无奈的痛苦，或许不如伤痛来得直接，但却是深刻的，让人无法忘记的！我们苦笑着、挣扎着，却发现一切只是蚍蜉撼树——徒劳无功。于是，我们就难免开始对自身产生怀疑，更清醒，更深刻地认识到自己的渺小，发现我们并不能左右和驾驭世界上的一切事物。

没有哪个人的生活总是充满鲜花和掌声的，也没有哪个事业总是一帆风顺。既然不能左右一切，那就让我们看淡一切吧，尽人事，听天命，这样才能让生命承受重负的同时，活出自己的真色彩来。

许多人也许不知道，美国第 32 任总统罗斯福，天生口吃，十岁时说话还断断续续含糊不清，而且生性懦弱，在公共场合讲话就极容易紧张。而且只要有人与他讲话，他就会表现出惊恐的表情，甚至身上还会发抖。

很多像他这样的小朋友，多数都会拒绝参加各种公开活动，也会变得孤独离群，可能会顾影自怜，唉声叹气。然而，小罗斯福却并没有这么做，虽然他天生容易紧张，但是他却能够积极地面对人群，即便是同伴们嘲笑他，他也会不以为然。每一次在紧张的时候，他会坚定地说道：“只要我用力咬紧牙关，努力不颤动，不久我就能克服紧张的情绪了！”

就这样，幼小的罗斯福，每天总能够坚定地告诉自己说：“这些缺陷算不了什么，咬咬牙就能克服掉了，就能收获生命的精彩！”每当看到其他的小朋友活力十足地参与各种公共活动时，他都要强迫自己参加，无论自己的口吃会招致多少人的反感！当恐惧产生时，他都会对自己说：“我一定能行！”渐渐地，他克服了自己的这些生理缺陷，并且凭着他对自己的这种奋斗精神与自信，最终成为美国历史上伟大的人物。

面对生理上的缺陷和生活中的无奈，罗斯福并没有让自己陷入哀怨之中，而是尽自己最大的努力，最终收获了成功和快乐的阳光。为此，在任何时候，面对再多的无奈，我们都无须自暴自弃、悲观厌世，因为除了你自己，没有人会刻意注意你的无奈的事情，只要让心中充满自信，一样能够获得精神上的自由与快乐。

其实，生命中如果没有黑夜，我们就无法看到漫天的星辰；没有缺陷，生命就没有前进的动力；没有离别的伤痛，就没有相逢的喜悦。很多事情在无奈之余，还有许多值得我们珍视的东西，只要我们换个角度去看待，去前进，生命就没有缺憾，就没有无奈。

总之，在面对生活中一些我们根本无法改变的无奈，我们一定要大度一些，坦然地去面对，和善地去对待周围的每个人，幸福地过好每一天，愉快地度过每一个小时，把开心融入分分秒秒之中，要精心经营好自己的田园宝地，这样你的生命就不会有太多的遗憾和伤痛。

相信自己不是无用之人

自卑者的致命弱点就在于妄自菲薄，没有勇气坐在前排，他不明白人很少有通才，而是各有所长，并且他只相信别人不相信自己，而内心强大之人在任何时候都肯定自己。

《人性的弱点》

不要说上帝造就的每一个人，就是每一棵草，每一个小动物都是有用处的，因此，每个人在面对挫折困难时，不要对自己失去信心，要永远怀着自信坚强地走下去，继续发挥自己的特长，相信自己的才能。每个人在世界上都是独一无二的，别人无法取代的，所以我们有理由相信“天生我材必有用”。但有时才能并不是轻易就显现出来的，它需要我们自己充分地挖掘。也许有时我们面对失败会怀疑自己的能力，也许有时我们的才能得不到别人的充分肯定，这时我们更不应该气馁，而是要更多地坚持信念，鼓励自己，相信“天生我材必有用”。

1960 年，哈佛大学教授罗森塔尔博士在美国加州一所学校进行了一项试验。他声称，他制造出一种仪器，能够找出最优秀的人，并能发现那些将来会出人头地的人。他先从教师中选出几个人，然后又从全校的班级中选出几个班的学生作为实验对象。他对选出的老师说：“我从全校的老师中选出你们几位，因为你们是最优秀的老师。这几个班级的学生也是最聪明最有可能有所成就的学生，他们将由你们来教。我相信，最优秀的老师和最聪明的学生的组合，将会产生非凡的教学结果，我的仪器不会出错。”

一年过去了，当罗森塔尔博士再次来到这所学校时，他发现那些老师个个表现优异，而他们所教的班级也成为整个学校的明星班级。罗森塔尔再次召集这些老师开会，他对老师们透露说："实际上，我并没有那样一种预测未来的仪器。那些学生都是最普通的学生，我只是随机抽取了几个班级。"

老师们对此一阵诧异。罗森塔尔博士接着说："实际上，各位老师也并不是我挑选的最优秀的老师，而是我随手抽调出来的。你们是些普通的老师，教的是普通的学生，但是你们取得了这样的好成绩。各位老师一定知道原因在哪里。"

一位老师说："是的，博士。我知道，当我们被告知是最优秀的时候，我们就努力做最优秀的。我们的学生是聪明的、与众不同的。他们犯错误时，我们也一样有耐心帮助他们，因为他们是聪明人，他们只是无意中出了错。我们从来不打击批评学生，我们鼓励他们做到最好。我们都认为自己是不普通的，于是我们就不再普通。"

罗森塔尔听完，会心地笑了。

人人都可以不普通。如果你在心里坚信我能行，你就会按照一个真正的人才的标准来要求自己。如果你相信自己能够成功，你就一定能成功。只有先在心里肯定自己，你才能在行动上充分地展现自己。

环顾四周，那些在事业上成功的人士有谁不是充分肯定自己的才能，抓住它并把它发挥得淋漓尽致呢？达尔文的父母希望儿子成为神父，而达尔文始终热衷于生物，他使父母失望了，但他始终坚持自己在生物研究方向的过人才能，找到了自己正确的位置，终于写下了不朽的名著《进化论》而名垂千古。如果他听从父母之命那又是怎样的呢？所以我们应当坚信别人能做到的，我同样能做到，找到适合自己的位置，相信大千世界一定有我的用武之地。

固然是充满自信，但如果这份自信用过了头，那又会怎样呢？那就会变成狂妄、自负。正如拿破仑有非常出色的军事才能，他自己也充分相信自己的才能。但是他自认为凭借自己的军事才能就能够所向披靡、无往不利，便不断地发动对外战争进行扩张，然而最终正义之师战胜了他，他落得个流放孤岛的悲惨结局。所以我们要把握好自信的"度"，否则它就会变成自大。

我们每个人都应当对自己有一个正确的估价，既要相信自己有用，真正认识自己的价值所在，以最大限度地发挥自己的专长，又不能好高骛远，还要充分认识自己的不足，不断改正，不断向着人生的目标前进。

切记，不要让自以为是的人来左右自己

如果一个人自己要做什么，走什么样的路这样的事都要听从别人的指定或允许的话，岂不是说自己的脑袋长在了别人的脖子上！

《人性的弱点》

“走自己的路，让别人去说吧！”但丁的这句话鼓舞了无数的有志者不断地排除干扰，开创属于自己的人生。历史上有许多人，曾经在曲折崎岖的道路上犹豫徘徊，更有甚者止步不前，或者倒下，也有的人为了自己的理想和抱负，在充满荆棘的道路上不断开拓进取，勇往直前，他们最终走出了自己人生的光辉之路。

一位哲人曾说过：“听信了别人的偏见常常会扼杀自己很有希望的幼苗。”只要看准了方向，就要自信地坚持自己的原则，坚定不移地走属于自己的路，这样才能避免自己的希望被自己所扼杀。

著名作家爱默生曾在百老汇的社会图书馆里作了一次激动人心的演讲。那是在1842年3月，就因为他这次演讲，惠特曼萌发了创作的欲望，尤其是他说的那句：“谁说我们美国没有自己的诗篇呢？我们的诗人文豪就在这儿呢……”

这位身材高大的当代大文豪的一席慷慨激昂、振奋人心的讲话使台下的惠特曼激动不已，热血在他的胸中沸腾，浑身升腾起一股无穷的力量和无比坚定的信念，他决心渗入到各个领域、各个阶层、各种生活方

式中去。他要倾听大地的、人民的、民族的心声，去创作新的不同凡响的诗篇。

1854 年，惠特曼的《草叶集》问世了。这本诗集热情奔放，冲破了传统格律的束缚，用新的形式表达了民主思想，以及对种族、民族和社会压迫的强烈抗议。它对美国和欧洲诗歌的发展产生了大的影响。

1855 年底，他出版《草叶集》第二版，在这版中，他又加进了 20 首新诗。

后来，当惠特曼决定印行第三版《草叶集》，并将一些新作补充进去时，爱默生却竭力加以劝阻。因为爱默生认为应删除其中几首刻画“性”的诗歌，否则第三版将不会畅销。惠特曼却不以为然，他对爱默生明确表示：“在我灵魂深处，我的意念是不服从任何的束缚，而是走自己的路。《草叶集》是不会被删改的，任由它自己繁荣和枯萎吧！”他又说：“世上最脏的书就是被删减过的书，删减意味着道歉、投降……”

第三版《草叶集》出版并获得了巨大的成功。不久，它便跨越了国界，传到英格兰和世界的许多地方。

走自己的路，做自己生命的主宰，不管多么崎岖多么坎坷也要义无反顾。不要在意别人的冷言冷语，让他们说去吧，何必在乎！和大多数人不一样的，未必是错误的：自己的想法别人不一定认同，这和别人的经验不一定适合自己是一样的。路，必须按自己的意愿去走。

世界上没有完全正确的人，而且对同一件事情不同的人看法也不一样。所以，你要想在生活中有所作为，闯出属于自己的一片天空，就一定不要被他人的言论所左右。坚持走自己的路，相信自己，一定会成功的。

没有自信就只有永远的平凡

自信意味着一个人充分地了解自己，也了解自己所面对的困难和对手；自信意味着自己轻蔑困难和对手，而面对强手、困难和对手唯一的出路就是认输。

《人性的弱点》

美国哲学大师威廉·詹姆斯曾说过，一般人的心智能力使用率不超过10%，大部分的人不太了解自己还有些什么才能。与我们应该取得的成就相比，其实我们还有无尽的能力是潜在的、等待开发的，我们只运用了自身能力的一小部分。人往往都活在自己所设的限制中，虽然拥有各式各样的潜力，却不能充分地运用它们。而造成此种现象的原因，就是我们缺乏必要的自信。

在哈佛，一天哈佛音乐系的一位学生走进练习室，在钢琴上，摆着一份全新的乐谱。

“超高难度……”他翻着乐谱，喃喃自语，感觉自己弹奏钢琴的信心似乎跌到谷底，消磨殆尽。已经三个月了！自从跟了这位新的指导教授之后，不知道为什么教授要以这种方式整人。他勉强打起精神，开始用自己的十指奋战，奋战、奋战……琴音盖住了教室外面教授走来的脚步声。

指导教授是个极其有名的音乐大师。授课的第一天，他给自己的新学生一份乐谱。“试试看吧！”他说。乐谱的难度颇高，学生弹得生涩僵滞、错误百出。“还不成熟，回去好好练习！”教授在下课时，如此叮嘱学生。

学生练习了一个星期，第二周上课时正准备让教授验收，没想到教授又给他一份难度更高的乐谱："试试看吧！"上星期的课教授也没提。学生再次埋首于更高难度的技巧挑战。

第三周，更难的乐谱又出现了。同样的情形持续着，学生每次在课堂上都被一份新的乐谱所困扰，然后把它带回去练习，接着再回到课堂上，重新面临难度加倍的乐谱，却怎么样都追不上进度，一点也没有因为上周的练习而有驾轻就熟的感觉，学生感到越来越不安、沮丧和气馁。教授走进练习室。学生再也忍不住了。他必须向钢琴大师提出这三个月来何以不断折磨自己的质疑。

教授没开口，他抽出最早的那份乐谱，交给了学生。"弹奏吧！"他以坚定的目光望着学生。

不可思议的事情发生了，连学生自己都惊讶万分，他居然可以将这首曲子弹奏得如此美妙、如此精湛！教授又让学生试了第二堂课的乐谱，学生依然呈现出超高水准的表现……演奏结束后，学生怔怔地望着教授，说不出话来。

"如果，我任由你表现最擅长的部分，可能你还在练习最早的那份乐谱，而不会有现在这样的水平……"钢琴大师缓缓地说。

人，往往习惯于表现自己所熟悉、擅长的方面。但如果我们愿意回首，细细检视，将会恍然大悟：看似紧锣密鼓的挑战，永无遏止，难度渐升的要求，不也就在不知不觉间养成了我们今日的诸般能力吗？因为，人确实有无限的潜力，只要有勇气去挑战自己，就能发掘出这份潜力。

亨利·大卫·梭罗曾说："如果一个人充满自信地朝着他的梦想前进，并且尽最大努力去过他想象中的生活，他会在不经意间获得意想不到的成功。"因此不要担心，不要忧虑，大胆尝试，勇敢坚持，激发自己潜在的能量，切莫因我们缺乏心理上的自信而埋没了自己的才能。

你要成功没有人能阻挡住你

如果说人与人之间存在高贵与卑微的话，那只是一些无知者的妄言，或是发自一些自卑者心底的丧气话。

《人性的弱点》

一个出生于纽约布鲁克林贫民区的黑孩子。他有两个哥哥、一个姐姐、一个妹妹，父亲微薄的工资根本无法维持家用。他从小就在贫穷与受人歧视中度过。对于未来，他看不到什么希望。没事的时候，他便蹲在低矮的屋檐下，默默地看着远山上的夕阳，沉默而沮丧。

13 岁的那一年，有一天，父亲突然递给他一件旧衣服并问他："这件衣服能值多少钱？""大概一美元。"他回答。"你能将它卖到两美元吗？"父亲用探询的目光看着他。"傻子才会买！"他赌着气说。

父亲的目光真诚又透着渴求："你为什么不试一试呢？你知道的，家里日子并不好过，要是你卖掉了，也算帮了我和你的妈妈。"

他这才点了点头："我可以试一试，我不能保证将它卖掉。"

他很小心地把衣服洗净，没有熨斗，他就用刷子把衣服刷平，铺在一块平板上阴干。第二天，他带着这件衣服来到一个人流密集的地铁站，经过 6 个多小时的叫卖，他终于卖出了这件衣服。

他紧紧地攥着两美元，一路奔回了家。以后，每天他都热衷于从垃圾堆里淘出旧衣服，打理好后，去闹市里卖。

如此过了十多天，父亲突然又递给他一件旧衣服："你想想，这件衣服怎样才能卖到 20 美元？"

"怎么可能？这么一件旧衣服怎么能卖到 20 美元？它顶多只值两美元。"

“你为什么不试一试呢？”父亲启发他，“好好想想，总会有办法的。”

终于，他想到了一个好办法。他请自己学画画的表哥在衣服上画了一只可爱的唐老鸭与一只顽皮的米老鼠。他选择在一个贵族子弟学校的门口叫卖。不一会儿，一个开车接少爷放学的管家为他的小少爷买下了这件衣服。那个十来岁的孩子十分喜爱衣服上的图案，一高兴，又给了他5美元的小费。25美元，这无疑是一笔巨款！相当于他父亲一个月的工资。

回到家后，父亲又递给他一件旧衣服：“你能把它卖到200美元吗？”父亲目光深邃地看着他。

这一回，他没有犹疑，他沉静地接过了衣服，开始了思索。

两个月后，机会终于来了。当红电影《霹雳娇娃》的女主演拉佛西来到了纽约宣传。记者招待会结束后，他猛地推开身边的保安，扑到了拉佛西身边，举着旧衣服请她签个名。拉佛西先是一愣，但是马上就笑了。没有人会拒绝一个纯真的孩子。

拉佛西流畅地签完名。他笑了，黝黑的面庞，洁白的牙齿：“拉佛西女士，我能把这件衣服卖掉吗？”

“当然，这是你的衣服，怎么处理完全是你的自由！”

他“哈”地一声欢呼起来：“拉佛西小姐亲笔签名的运动衫，售价200美元！”经过现场竞价，一名石油商人出1200美元的高价收购了这件运动衫。

回到家里，他和父亲，还有一大家人陷入了狂欢。父亲感动得泪水横流，不断地亲吻着他的额头：“我原本打算，你要是卖不掉，我就找人买下这件衣服。没想到你真的做到了！你真棒！我的孩子，你真的很棒……”

一轮明月升上夜空，透过窗户柔柔地洒了一地。这个晚上，父亲与他抵足而眠。

父亲问：“孩子，从卖这3件衣服中，你明白什么了吗？”

“我明白了，您是在启发我。”他感动地说，“只要开动脑筋，办法总是会有的。”

父亲点了点头，又摇了摇头：“你说得不错，但这不是我的初衷。”

“我只是想告诉你，一件只值一美元的旧衣服，都有办法高贵起来，何况我们这些活生生的人呢？我们有什么理由对生活丧失信心呢？我们只不过黑一点儿、穷一点儿，可这又有什么关系？”

就在这一刹那，他的心中，有一轮灿烂的太阳升了起来，照亮了他的全身和眼前的世界。“连一件旧衣服都有办法高贵，我还有什么理由妄自菲薄呢！”

从此，他开始努力地学习，严格地锻炼，时刻对未来充满着希望！

拥有自信并善于付诸行动

仅仅拥有信念还不足以使人走向成熟。勇敢的确比怯懦要好，但是，假如我们面临考验时却转身逃跑，那么勇敢就失去了作用；除非我们能够坚守信念，否则所有理论都将毫无价值。

《人性的弱点》

如果说在美国到处都有机会，每个人都可以尽情地施展自己的才能，你是否会赞同我所说的呢？也许你会大声赞同。但是，对此你能确信到何种程度呢？如果你处于失业、破产或者找不到工作的情况下，那么你对我的话还抱有信心吗？

有这样一个人，他能够坚持信念、矢志不渝。这个人来自密苏里州，名叫里奥纳德·A. 崔吉亚。1928 年，父亲留给崔吉亚价值 10 万美元的财产。但是 10 年之后，崔吉亚破产了。

这一过程非常简单，崔吉亚先生给朋友的信中写道：

“我父亲非常有钱，出手也很大方。当我还在读高中时，只要我没有钱花了，他就会让我去银行，从他的名下取出一张支票。到我上了大学之后，我更是可以随便往支票上填数额了。大学毕业了，我仍不懂得金钱有什么价值，而我自己也不会赚钱，只知道如何开支票。

“当父亲去世时，我对生活没有做好任何准备。他给我在密苏里河下游靠近密苏里州里辛顿的地方留下了一片肥沃的土地，我就开始经营农场。在经济大萧条席卷全美国的第一年，我的账户就出现了赤字。我只好用一块土地做抵押，用来还债，并重新补充我的存款。由于经济继续萧条，我只好卖掉了那块被抵押的土地，用来还了贷款。我就这样生活着，需要用钱时，就去抵押或是出卖土地。

“我破产的这一天终于来了，我不再拥有任何财产了。我必须找一份工作，赚钱过日子，否则将无法生活下去。然而，我这一辈子根本没有做过什么事情，我急得几乎难以入睡——曾经作为支柱的支票已经没有了，求助也找不到人了。

“一天晚上，我终于想清楚了，那就是我必须面对现实。‘好日子一去不复返了，我的朋友，’我对自己说，‘作为一个成年人，你应该表现得像一个成年人。成熟起来，去找一份工作吧！’

“我开始思考我的处境，尤其是我的一些信念。我一直相信这句话：‘只要你愿意努力，在美国，机会总是均等的。’但是，我从来都没有亲自去验证过这句话。虽然当时的整体环境不好，工作机会也少，但是我有我的长处：身体健康，大学毕业，又接受过职业培训，而且我的失败和错误给了我宝贵的经验和教训。现在，我需要做的就是避免将时间浪费在抱怨和悔恨上，立即开始行动。

“我安排好生活，理清了我的思路。要知道，当时要找一份工作可不是件容易的事情——无论找什么工作。一旦颓丧情绪涌现出来时，我就强迫自己消除怀疑和恐惧的想法，增强自己的信念，让自己相信：对于每一个有信念的人来说，美国都是一个可以找到自己位置的国家。我必须坚守这个信念。

“我的信念终于得到了实现。我在堪萨斯城的联合财务公司找到了工作。我在那里愉快地工作了 4 年，之后辞职，又回到农业方面来。这一次，情况出现了转机。我慢慢地建立起信誉，拓展了我的业务。我不仅从事农场买卖业务，还兼顾做些其他的生意。经过这些努力，我获得了较大的成功。不过，这些都受益于我的失败，是失败给了我宝贵的教训，使我做好了迈向成功的准备。

“我赎回了我的财产，这是靠我的努力赚回来的。更可贵的是，我获得了可以留给我两个儿子的伟大真理——我们必须拥有信念，但是如果我们有信念却不采取行动的话，这信念就跟没有一样。这一真理远远超出了金钱的价值。”

崔吉亚先生的故事，正是一个人如何走向成熟过程的例证。在此过程中，崔吉亚先生从一个被宠溺而不负责任的孩子，成长为一个抱有信念、坚持信念，并将信念付诸实践的男人。在初受挫折时，崔吉亚先生曾像孩子一样逃避现实，但信念却使他像一个真正的男人那样，敢于面对现实。

《如何度过一年365天》这本书的作者约翰·久辛德勒博士曾说过：“成熟需要通过学习才能达到，而且述往要经历痛苦方能见效。”家住加拿大的丽莲·海德莱恩夫人的事迹正好印证了真理。

海德莱恩夫人是一个普通的家庭主妇和母亲，但是她性格开朗乐观。一天，海德莱恩夫人开车外出，不小心翻进了一条深沟中。

海德莱恩夫人的脊椎最初被误诊为已经摔断，但是从X光照片上看不出她的脊椎折断的情况，不过能看到骨刺脱离了外面的附着物。医生认为海德莱恩夫人至少需要卧床休息3个星期，并将这个不幸的消息告诉了她。

“做好心理准备。”医生说，“你的脊椎已经严重硬化。也许在5年之后，你就不能动弹了。”

听了医生的话，她说：

“当时，我被吓坏了。我一直都是活泼开朗的人，喜欢克服一切困难，可是现在却遇到了一个无法克服的困难，我的勇气和斗志也因为卧床的时间从3个星期向无限期延长而逐渐丧失了。我的内心越来越恐惧，也越来越软弱。

“有一天早上，我的神智十分清醒。我对自己说：‘5年时间并不短啊！我还能帮助家人做很多的事情呢。如果配合医生的治疗，再加上我的决心，或许我的病情能有所改善。我不想未经奋斗就投降，我要尽一切努力，行动起来。’

“一旦有了这种信念和决心，我突然有了力量。我要马上行动。软弱和恐惧已经不复存在！我挣扎着下了床……就这样，我的新生活开始了。

“我不断地用这个字来激励自己：‘继续！继续！继续！’

“大约5年后的一个清爽的早晨，我重新照了X光，发现即使再过5年，我的脊椎也不会有什么问题。医生建议我要积极乐观，对生活充满兴趣，勇敢地活下去。而我也正是保持这种念头，只要身上有一块肌肉还能活动，我就要继续活下去。”

海德莱恩夫人的故事是一个典型的坚持信念而走向成功的实例。当然，仅仅拥有信念还不足以使人走向成熟。勇敢的确比怯懦要好，但假如我们面临考验时却转身而逃，表明我们的内心是软弱的。除非我们的内心能够坚定起来，否则所有理论都将毫无价值。

九

淡雅为人，做个品位高雅的谦谦君子
——修养自己的绅士风度

淡雅为人是一种上乘的做人品质，在城市流动的喧嚣中，洗炼一种超凡脱俗的“宁与静”的淡雅品性，使自己不仅仅是一幅雅致的画，更是一本耐人寻味、百读不厌的书；淡雅为人是现代文明社会最为推崇的做人品性，也是人类自己在现代社会生产的最佳产品。

懂得感恩更是一种生活责任和义务

淡雅为人是一种对生活的诗意的追求和宁静心态的陶冶，但这绝不能算是一个负责任的人的素质，满足、淡雅之人除了讲究生活品位外，更应是一个懂得感恩的人。

《人性的弱点》

1620年9月6日，一批英国清教徒难以忍受宗教迫害，搭乘“五月花号”木船驶往美洲。他们在疲劳、饥饿、寒冷和疾病的袭击下在大西洋上漂泊了65天，最后到达北美殖民地的普利茅斯。

当时正值冬季，气候严寒，田野寂寥。当地印第安人慷慨地拿出贮藏越冬的玉米和土豆，送去猎获的野鸭和火鸡。春天来了，印第安人教他们种植玉米和南瓜，饲养火鸡。白人移民和印第安人建立了亲密的友谊。这年秋季玉米丰收，移民们举行了丰盛的感恩会，用烤火鸡和玉米糕点款待印第安人。印第安人则带着各种玉米制品、烤火鸡、南瓜馅饼以及玉米酒浆等参加晚会，人们欢唱歌舞，通宵达旦。

以后，在每年玉米收获后的11月底，定居在这里的白人移民都要举行感恩会，家家烤火鸡，烹制玉米食品，款待印第安人。长此以往，这种感恩会就成为了一种惯例。这就是美国感恩节的由来。

中国人虽然不过感恩节，但中国的古人们早就说过滴水之恩，当涌泉相报。因此，我们必须学会感恩。要对父母感恩，是他们把我们带到了这个精彩纷呈的世界；要对老师感恩，是他们的严格要求和言传身教使我们不断成长；要对爱人感恩使我们体会到了爱情的甜蜜……不过，感恩并不是简单的还人情账，而是博爱、善良与宽容，是对他人的感激与尊重，同时更是一种社会责任。

感恩犹如心灵的泉水，它能源源不断地滋润心田，懂得感恩，继而知恩图报，这既是做人的起码道德，也能体现一个人宽广的胸怀和慷慨的气度。大凡伟人、名人，都具有这样一颗感恩的心。对老师感恩的居里夫人，在颁奖会上用一束鲜花表达了感激之情；对士兵感恩的巴顿将军，在战争结束后亲自为阵亡的士兵抬棺送葬。

感恩既是一种生活态度，还是一种善于发现美并欣赏美的生活智能。人生在世，不如意事十有八九。如果我们囿于这种不如意之中，终日惴惴不安，那生活就会索然无趣。相反，如果我们时刻拥有一颗感恩的心，善于发现事物的美好，感受平凡中的美丽，那我们就会以坦荡的心境、开阔的胸怀来应对生活中的酸甜苦辣，让原本平淡的生活焕发出迷人的光彩！

一次，美国前总统罗斯福家被盗，丢失了许多东西。一位朋友闻讯后，忙写信安慰他，劝他不必太在意。罗斯福给朋友写了一封回信："亲爱的朋友，谢谢你来信安慰我，我现在很平安。感谢上帝：因为第一，贼偷去的是我的东西，而没有伤害我的生命；第二，贼只偷去我部分东西，而不是全部；第三，最值得庆幸的是，做贼的是他，而不是我。"

失盗本来就是很不幸的事了，如果因此生气、伤心或者埋怨，只能让烦恼雪上加霜。因此，罗斯福找出了三条感恩的理由，不因这些琐事而扰乱自己的情绪，这就是一种常人难以企及的境界。

一个人如果大言不惭地说生活辜负了他，没有给他任何东西，那这个人无疑是世界上最无耻的人。因为当我们呱呱坠地来到这个世界，什么都还没来得及做的时候，就已经拥有了很多：父母的养育、阳光的温暖、清风的清凉、鲜花的鲜艳……难道我们不应该对生活心存感激之情吗？

爱因斯坦也说："请记住，人是为别人而生存的，我们的精神生活和物质生活都依赖着别人的劳动，我们必须以同样的分量来报偿我所领受了的和正在领受的东西。"因此，我们不要把自己得到的一切视为理所当然，那样，我们就会变得冷漠，也不懂得去珍惜。只有知道别人的恩情并懂得感恩的人，才能收获更多的人生幸福。

一个生活贫困的男孩为了积攒学费，挨家挨户地推销商品。他的推销进行得很不顺利。一天，他终于疲惫万分，饥饿难耐，绝望地想放弃一切。

走投无路的他敲开一扇门，希望主人能给他一杯水。开门的是一位美丽的女子，她笑着递给了他一杯浓浓的热牛奶。男孩和着眼泪把它喝了下去，重新鼓起了生活的勇气。许多年后，他成了一位著名的外科大夫。

这天，一位病情严重的妇女被转到了这位大夫所在的医院。大夫成功地为妇女做完了手术，将她从死亡边缘拉了回来。无意中，大夫发现这位妇女正是那年他饥寒交迫时给过他一杯热牛奶的女子！大夫激动不已，决定悄悄地为她做点什么。

一直为昂贵的手术费发愁的妇女在领取手术费用单时，却看到纸上只有7个大字："手术费：一杯牛奶。"

什么是感恩？这就是感恩！感恩就是对给予自己关怀和帮助的父母师长、兄弟姐妹、亲戚朋友、邻里乡党等人常怀有感激之心、感谢之情，回报之举；同时，感恩也是对给予我们赖以生存的大自然环境富有一份热爱之情、爱护之心、保护之举。

有句话说得好——幸福需要一颗懂得感恩的平常心。感恩能让我们用平常心看待一切挫折和磨难，让自己很快找到心里的平衡点，随时拥有一份快乐的心情！为什么有些富人天天生活在烦恼之中，而有些穷人却很快乐，就是因为后者不会抱怨命运，而是对生活中的一食一饮、一布一衣，都能心存感恩之情。此外，如果我们常常怀着一颗感恩的心，就必然会不断地涌动着诸如温暖、自信、坚定、善良等这些美好的处世品格，就能改变我们的心情甚至是命运。

谦逊是所有圣贤者的共同品性

人为什么要谦虚？不谦虚不行吗？当然不行！因为天的规律是亏损满的补益虚的，比如太阳正中时就要西斜，月亮盈满时就要亏损；地的规律是倾陷满的充实虚的，比如山太高会因地震而下陷，低谷会因沙石流动而淤积增高；而人类的规律是厌恶满的喜好虚的，比如谦虚、谦恭、谦让的人总会处处受欢迎。

《人性的弱点》

谦逊并非自我贬低、自我否定，而是一种不显山不露水的自我肯定，相信自己为人的正直与尊严。谦逊是成功与失败的融合，它使我们对于过去的失败有所警惕，对于现在的成功有所感念。我们不能让成败支配自己。谦逊具有平衡作用，不让我们凌驾于别人之上，也不让自我状态劣于自己的实际水平。谦逊即是宁静，使我们不致受往日失败的拖累，也不致因今日的成功而张狂。谦逊是情绪的调节器，使我们保持自我本色，保持平和的生活姿态。

谦逊又标志着一个人的品性，它往往能让人们从一件不经意的小事上体会出一个人的伟大与渺小，以及他所具有的能量，19 世纪的法国画家贝罗尼，有一次到瑞士去度假，他背着画架到日内瓦湖边写生。旁边来了三位英国女游客，看了他的画后，便在一旁指手画脚地批评起来，一个说这儿不好，一个说那儿不好，贝罗尼都一一修改过来，末了还跟她们说了声谢谢。

第二天，贝罗尼又遇到了那三个妇女，她们正在交头接耳不知在讨论什么。过了一会儿，那三个妇女走过来问他：先生，我们听说大画家贝罗尼正在这儿度假，所以特来拜访他，请问你知不知道他在什么地方？贝罗尼向她们弯了弯腰，回答说：不敢当，我就是贝罗尼。三位妇女一听大吃一惊，想起昨天的不礼貌，一个个红着脸跑掉了。

当然，谦逊不等于谦卑，它需要时间来培育，但这是值得的，因为它是快乐的源泉。或许，英国小说家詹姆斯·巴利的自豪感最为中肯："生活，即是不断地学习谦逊。"

一个人只有了解得越多，他才越会认识到自己知道得很少。这是一条人类认识发展的规律。剑桥大学的一个学生认为自己已"学有所成"，去向老师辞行，这位老师深知这位学生的底细，看着这位自认为"学有所成"的学生，慨然道："事实上，我自己才刚刚入门。"

浅薄的人总以为自己的本事是充盈的，但却不知，而富有智慧的哲人才深感学海无涯，自己永远是个学子。牛顿曾有感于此，他说他只不过是一个在大海边拾到几只贝壳的孩子，而真理的大海他还未曾接触。

我们比之牛顿又如何呢？让我们每一个人都多一些谦逊吧。

自制是一种美德

一个人要成就大的事业，不能随心所欲、感情用事，而是理当对自己的言行应有所克制，这样才能使错误、缺点得到抑制，不致铸成大错。

《人性的弱点》

有一天，拿破仑·希尔和办公室大楼的管理员发生了一场误会。这场误会导致了他们两个人之间彼此的憎恨，甚至演变成激烈的敌对状态。这位管理员为了显示他对拿破仑·希尔的不悦，当他知道整栋大楼里只有拿破仑·希尔一个人在办公室中工作时，就立刻把大楼的电灯全部关掉。这种情形一连发生了几次，最后，拿破仑·希尔决定进行“反击”。某个星期天，机会来了，拿破仑·希尔在办公室准备一篇预备在第二天晚上发表的演讲稿，当他刚刚在书桌前坐好时，电灯熄灭了。

拿破仑·希尔立刻跳起来，奔向大楼地下室，他知道可以在那儿找到这位管理员。当拿破仑·希尔到那儿时，发现管理员在正忙着把煤炭一铲一铲地送进锅炉内，同时一面吹着口哨，仿佛什么事情都未发生似的。

拿破仑·希尔顿时对他破口大骂。一连5分钟之久，他都在用比管理员正在照顾的那个锅炉内的火更热辣的词句对他痛骂。

最后，拿破仑·希尔实在想不出什么骂人的词句了，只好放慢了速度。

这时候，管理员站直身体，转过头来，脸上露出开朗的微笑，并以一种充满镇静与自制的柔和声调说道：“呀，你今天早上有点儿激动吧，不是吗?”

他的这句话就像一把锐利的短剑，一下子刺进拿破仑·希尔的身体。

想想看，拿破仑·希尔那时候会是什么感觉。站在拿破仑·希尔面前的是一位文盲，他既不会写也不会读，但虽然有这些缺点，他却在这场战斗中打败了希尔，更何况这场战斗的发生，以及武器，都是希尔自己所挑选的，拿破仑·希尔的良心用谴责的手指对准了自己。拿破仑·希尔知道，他不仅被打败了，而且更糟糕的是，他是主动的，而且是错误的一方，这一切只会更增加他的羞辱。

拿破仑·希尔转过身子，以最快的速度回到办公室。他再也没有其他事情可做了。当拿破仑·希尔把这件事反省了一遍之后，他立即看出了自己错误。但是，坦率说来，他很不愿意采取行动来化解自己错误。

拿破仑·希尔知道，必须向那个人道歉，内心才能平静。最后，他费了很久的时间才下定决心，决定到地下室去，忍受必须忍受的这个羞辱。

拿破仑·希尔来到地下室后，把那位管理员叫到门边。管理员以平静、温和的声调问道：“你这一次想要干什么?”

拿破仑·希尔告诉他：“我是回来为我的行为道歉的——如果你愿意接受的话。”

管理员脸上又露出那种微笑，他说：“凭着上帝的爱心，你用不着向我道歉。除了这四堵墙壁，以及你和我之外，并没有人听见你刚才所说的话。我不会把它说出去的，我知道你也不会说出去的，因此，我们不如就把此事忘了吧。”

这段话对拿破仑·希尔所造成的伤害更甚于他第一次所说的话，因为他不仅表示愿意原谅拿破仑·希尔，实际上更表示愿意协助拿破仑·希尔隐瞒此事，不使它宣扬出去，对拿破仑·希尔造成伤害。

拿破仑·希尔向他走过去，抓住他的手，使劲地握了握。拿破仑·希尔不仅是用手和他握手，更是用心和他握手。在走回办公室途中，拿破仑·希尔感到心情十分愉快，因为他终于鼓起勇气，化解了自己做错的事。

在这件事发生之后，拿破仑·希尔下定了决心，以后绝不再失去自制。

因为一失去自制之后，另一个人——不管是一名目不识丁的管理员还是有教养的绅士都能轻易地将他打败。

在下定这个决心之后，拿破仑·希尔身上立刻发生了显著的变化，他的笔开始发挥出更大的力量，他所说的话更具分量。他结交了更多的朋友，敌人也相对减少了很多。这个事件成为拿破仑·希尔一生当中最重要的一个转折点。拿破仑·希尔说：“这件事教导我，一个人除非先控制了自己，否则他将无法控制别人。它也使我明白了这两句话的真正意义：‘上帝要毁灭一个人，必先使他疯狂。’”

林肯总统的美德更让后人悦服，他在危急的关头总能表现得耐心、镇静和自制。他发现某些内阁成员并不忠诚，但是，因为这种不忠诚只是针对他本人而来，而这些人拥有的特点是对国家极有贡献，所以，林肯表现出自制，对他们不予追究，使之成为如此伟大的人物。在我们中间，也有不少超越凡人和具有自制美德的人，为了目标、为了追求，他们选择了自制，也就是选择了成功。假若我们不能宽恕和容忍嫉妒的敌人，就难以在我们的生涯中获得成就。如果我们有一副“心理耳聋”，必要时可以用来遮住自己的双耳，让我们不再听到无聊的谈话和破坏性的语言，以免徒增憎恨与愤怒，那么成功就离我们不远了。生命十分短暂，有太多建设性的工作等着我们去做，不要把我们的精力和时间白白浪费了，要学会先控制自己，再想法控制别人，否则一旦失去自制，任何人都能将你打败。

高尔基说：“哪怕是对自己的一点小的克制，也会使人变得强而有力。”歌德说：“谁若游戏人生，他就一事无成，不能主宰自己，永远是一个奴隶。”要主宰自己，必须对自己有所约束，有所克制。

面对荣辱平心静气

谦谦君子是令人景仰的，而谦谦君子不是天生的，也不是哪些人所独享的美名，其实，对于那些在品行上表现出仁德，做出成绩不骄傲，遇到挫折不气馁，遭受不公不动怒，面对荣辱皆能保持平心静气的人都可称之为谦谦君子。

《人性的弱点》

应该说，一个平和的心态是现代一个成功者必备的素质。现代社会竞争日益激烈，拥有一种平和的心态，对身体的健康与事业的成败都是至关重要的。当然，平和的心态需要经过挫折、失败的磨炼，是在努力奋斗之后历练出来的。

愈是功成名就的人，往往愈是有一颗平常的心，他们不会过分在意功名，也不会念念不忘过去的成绩；他们对成就并不过分强求，往往能够安于平凡的小事，他们有一个良好的心态，即使取得了令人瞩目的成绩也会时时把自己的心态回归到零，踏踏实实地做人，达到自然而然、顺势而为的境界。

要保持平和的心态，就要不为虚荣所诱，不为权势所惑，不为金钱所动，不为美色所迷，不为一切浮华沉沦。保持平和的心态，就是凡事不和别人比较，如果总是带着攀比的心态生活，就会使自己的内心经常处于不平衡的状态。看到别人享受荣华富贵，不羡慕；看到别人拥有家财万贯，不嫉妒。珍惜自己现在所拥有的，从精神上摆脱过多的物欲和得失心，懂得欣赏他人的荣耀、成就和美丽。保持平常心，就是将一切身外之物，功名利禄、富贵荣华视为过眼烟云，保持一颗淡泊、宁静的心。

保持平和的心态就要做到宠辱不惊。人生在世，没有必要太在意别人的态度；做人处世，对任何事物都应该拿得起放得下。当我们做到面对荣辱平心静气时，就会感到神清气爽，天地间变得开阔浩渺，大自然生机勃发、情趣盎然。

19世纪中叶，美国实业家菲尔德率领他的船员和工程师们，要用海底电缆把“欧美两个大陆联结起来”。菲尔德因此被誉为“两个世界的统一者”，一举而成为美国最光荣、最受尊敬的英雄。但因技术故障，刚接通的电缆传送信号中断，顷刻之间，人们的赞辞颂语变成愤怒的狂涛，纷纷指责菲尔德是“骗子”。面对如此悬殊的宠辱逆差，菲尔德泰然自若，一如既往地坚持自己的事业。经过6年努力，海底的电缆最终成功地架起了欧美大陆之间的信息之桥。这真是宠也自然，辱也自在，一往无前，否极泰来。

宠辱不惊，是一门生活艺术，更是一种处世智慧。人生在世，生活中有褒有贬，有毁有誉，有荣有辱，这是人生的寻常际遇，不足为奇。古往今来万千事实证明，凡是有所成就者无不具有“宠辱不惊”这种极宝贵的品格。

可以说，冷静的心态是平和心态的延伸和发展，因为一个人若没有平和的心态，就无法做到冷静。一个人如果能抛开杂念，就能在喧闹的环境中体会到内心的宁静。

第十六届美国总统亚伯拉罕·林肯出身于一个鞋匠家庭，而当时的美国社会非常看重门第。

林肯为竞选总统在参议院演说时，遭到一个参议员的羞辱。那位参议员说："林肯先生，在你开始演讲之前，我希望你记住你是一个鞋匠的儿子。"林肯不卑不亢地回答："我非常感谢你使我想起我的父亲，他已经过世了，我一定会永远记住你的忠告，我知道我做总统无法像我父亲做鞋匠做得那么好。"

参议院陷入一阵沉默，林肯转头对那个傲慢的参议员说："据我所知，我的父亲以前也为你的家人做过鞋子。如果你的鞋子不合脚，我可以帮你修好它。虽然我不是伟大的鞋匠，但我从小就跟随父亲学到了做鞋子的技术。"然后，他又对所有的参议员说："对参议院的任何人都一样，如果你们穿的那双鞋是我父亲做的，而它们需要修理或保养，我一定尽可能帮忙。但是有一件事是可以肯定的，我无法像他那么伟大，他的手艺是无人能比的。"

说到这里，林肯流下了眼泪，就连嘲笑者也同大家一起，报以热烈真诚的掌声。后来，林肯如愿以偿地当上了美国总统。

作为一个"出身卑微"的人，林肯没有任何贵族的背景，面对参议员的羞辱，他没有蹩脚地掩饰自己是鞋匠的儿子的事实，而是坦然地面对这个事实，然后凭借出类拔萃的才智扭转不利局面。人生之中有各种各样的境遇，有的时候我们会陷入一筹莫展的境地。这个时候，焦躁、慌乱都无济于事，明智的办法就是先冷静下来，只有冷静时，人的大脑才能恢复常态进行思考，才能很快地想出解决问题的办法。面对危机，越慌乱，越无法解决问题，只有沉着、冷静、从容不迫，才能绝处逢生。

通常情况下，人在危急时刻，紧张的心情就会反映在脸色和言谈举止中。而拥有平常心的人则会气定神闲，从容自然，让别人无法轻易察觉。临危不乱，说起来容易，做起来难。它需要过硬的心理素质，而在日常生活中，我们往往忽视了对这种心理素质的培养。由于无法以一颗平常心面对生活中的困难与危机，我们的人生变得脆弱。人们在焦急或慌乱的状态下头脑常常会变得不理智、不清醒，这就需要平时多培养独立自主意识，保持清醒头脑，遇事不急躁、冷静，这样才能够拥有一颗平常心，才能够坦然面对生活，彰显人生的睿智。

在现代，用淡定、淡雅来陶冶自己的性情，以适应新的形势和人际关系已成为必备和必然的要求。

无论贫富都能正确地对待得失

贫不羡富，富不厌贫，这是所有淡定之人对待贫富的共同态度。

《快乐的人生》

“只讲索取不讲奉献”是过于精明的人的想法。而真正的精明人知道，为了得到，必须给予。这是我们生活中最基本的法则。

凯瑟琳·庞德曾经说过：“如果只能向全世界宣布一个生活秘密的话，那就是：有报才有答。因此如果你想得到自己想要的东西，首先就应该尽全力去争取它。”如果人们不去给予，不去用生活的任何形式去播种幸福的话，那人类就不会得到爱的力量和宇宙间的财富。最后，人们也就达不到无限的宇宙财富，得不到生活中的真正富裕。因此，你没有必要非要等到自己变富以后再开始奉献。实际上开始的越早，就能越早地吸引到金钱。每个人都有奉献的东西。如果你在物质或金钱上无所奉献的话，你还可以奉献自己的服务。它可以是实际上的给予，也可以是精神上的传导。它还可以是给予别人的爱。当为别人做好事又不需别人回报自己的时候，你就会得到比回报更高尚的东西。当你向别人微笑、真诚地赞扬别人或向别人发出爱的信号的时候，这表明你正在建立起一个与宇宙中的爱相沟通的渠道。

在格伦·克拉克所著有关沃尔特·拉赛尔《利用宇宙秘密的人》一书中，他讲述了沃尔特在青少年时在旅馆当侍者的经历。那时他每月的工资只有 8 美元。但他被告诉说，一个假期他就可以收到 100 美元的小费。但当他第一次见到小费的时候，在他的内心深处仿佛有什么东西在直觉上不让他去接受。因此他说道："不，谢谢，先生。"并迅速地走开了。接着，沃尔特来到了他在地下室的住所，想弄明白为什么自己内心的声音会告诉自己不要去接受小费。突然间他感到十分振奋。他对自己说："我是所有旅馆侍者中唯一不接受小费的。因为我要成为这个世界上所知道的所有侍者中最佳的一个。我要提供一个侍者所能提供的最佳、最热情的服务。"

从那一刻起，沃尔特对所有的要求都有求必应。他动作敏捷、彬彬有礼，办事干净利索。每天早晨 5 点钟，他都要为一名需要特别护理的儿童去取牛奶，取完奶后再回床睡一会儿。当人们问他为什么不收小费时，他回答："我有自己的工资，我喜欢自己的工作。"住店的客人从没见到过这样的情况。他们对他的工作态度十分赞赏，因此他们邀请他到自己的游艇上去游玩或请他吃饭。而当旅馆警告他说跟客人来往是违反旅馆规定的时候，一些非常有身份的客人就对旅馆的经理说，如果不把沃尔特当作一个例外的话，他们就再也不住这个旅馆了。结果，沃尔特的夏天就这样过得既愉快又有趣。

不久客人们对沃尔特在业余时间所作的绘画产生了兴趣。假期结束时，他虽然没有得到 100 美元的小费，可他却得到了 850 美元的卖画收入，并有五个富裕的家庭提出正式领养他。这些人当中有的成了他的终生朋友，并在他成名以后从这些人及他们的朋友那里得到了许多要求购买他绘画的订单。

更巧的是沃尔特后来居然还参加了过去他曾在清晨 5 点钟起床为其打牛奶的那个婴儿的婚礼。

沃尔特·拉赛尔不止一次地说过："我坚信对那些相信无限宇宙能

提供帮助的人，只要他们按规律办事并做得比别人希望的还要多，而且是高高兴兴、彬彬有礼地去做这些事情，他们就一定会得到自己想要的东西。”这不仅对如何赚钱是一条重要原则，而且它还是成功生活的模式——它使人们变得更加充满人性。

能够向别人提供比所期望的更多的东西同样会使你在得到财富时更加感到心安理得。你奉献的价值越多，就会越觉得自己应该得到自己所得到的财富。

不与流言挂上任何的联系

如果你是无辜的，为什么非要做百般的辩解呢？流言是一种流行病，它只能停留在弱质人的身上。

《人性的弱点》

有时，当我们得罪人并因此受到别人的非议时，我们没有必要与其辩驳，事实总会真相大白的。如果你与对方发生正面冲突，你就会吃亏上当。在杜鲁门任总统期间，曾有一位高中校长，竞选美国中西部某一州的国会议员。这个人的资历很好，又很精明能干，看来他很有希望赢得这项选举。

但是在选举的中期，有一个很小的谣言散布开来：三四年前在该州的首府举行的一项教育大会中，他跟一位年轻教师“有那么一点暧昧的行为”。这真是一个弥天大谎，这位候选者感到非常愤怒，尽力想要辩解。

每一次聚会中，他都要站起来极力澄清这个恶毒的谣言。其实，大部分的选民根本没有听过这码事，直到这位候选人自己提出，他们才知道。

结果，这位候选人越声明自己是无辜的，人们却越相信这件事是事实，真是越描越黑。

选民振振有词地反问："如果他真是无辜的，他为什么要百般为自己辩解呢?"如此火上浇油，恶化下去，最后他彻底失败了。而且最悲哀的是，连他的太太最后也相信谣言了，夫妻之间的亲密关系被破坏无遗。

许多很有才气的人，都是被恶意的指控所陷害。但聪明人会采取适当策略，不辩自明。

大卫·史华兹担任大学教授的早期，曾经有过一次相似的经历。当时他一直蝉联"退学委员会"的主席。这个委员会设立的目的是要制订出一些政策，好让那些成绩太差的必须退学的学生有所遵循。

在经过多次的聚会商讨之后，委员会要对全体教职员提出一项报告。史华兹把这个报告交给大会主席后，就坐回原位了，接着，有一位教授忽然站起来，对这项报告的每一方面都横加批评。他把这个报告形容为"虚弱"、"幼稚"、"正如同作者一样的不成熟"，他所做的批评真是极尽挑剔之能事。

史华兹当时很想立刻反唇相讥，报复一番。但是，还是强迫自己在表面上显得若无其事一般。

他的长篇大论相当于口头报告两倍多的时间，会议主席转而对史华兹说："史华兹教授，你对这位教授的批评有什么补充说明?"史华兹当即站起来回答："对于这个报告不能讨好这位教授，我真是感到很抱歉，如果以我自己而言，我想要来一场公开投票。"

随后又有少数几个人提出了批评，然后就真的投票表决了。投票结果是四比一支持这项报告，史华兹获胜了。

散会以后，一位有近40年大学行政工作经验的资深教授把史华兹拉到旁边，对他说："史华兹，我很高兴你刚才并没有跟他一般见识，你有很充分的理由将他逼得发狂，也可以针对他的指控，以同样的方式予以回击，今天在座的每一位同仁，都认为他的批评有悖常理，但是只要你一开始顶嘴，马上就会丧失别人对你的同情与支持。"

他继续说：“我们都认为自己很文明，但是文明有不同的等级，一个未开化的人，听到他不喜欢的批评时，很快就会使用拳头攻击对方，半文明程度的人，不会使用拳头，而是用嘴巴，用恶毒的语言来反击对方，至于十分文明的人，是不屑于使用拳头与嘴巴来反击的，他只是拒绝反击而已，他深知此时能获胜的唯一方法就是不理会他。”

对于恶意的诽谤，我们只当是蝼蛄在叫，结果是它们阻挡不了农民正常播种庄稼，获得好收成。

做一个善于欣赏生活的人

人们创造生活和享受生活的同时，更要会欣赏生活，耕耘是创造，享用是享受，品味和思考是欣赏，淡雅之人更是善于欣赏之人。

《人性的优点》

人的温柔优雅是在生活中表现出的一种绅士风度，它是一种平和的可人状态，不苛刻，不枉求，是一种自由自在，安静淡然的处世姿态。现实生活中的很多人都缺乏这种态度，他们看待任何人和事，总是戴着有色眼镜，过分计较功利之心，最终让心灵蒙上了灰尘。

有一位花匠，他家的庭院中种了一棵葡萄树，结了很多的葡萄。那个花匠很是高兴，于是就摘了些准备送给他人品尝，只是想让别人分享一下自己的这份心情。

有一天，一位商人经过他家门口，花匠就送给他一些葡萄，那商人一边吃，一边夸赞道：“好吃，好吃，多少钱一斤？”花匠说不要钱，但是商人却不同意，坚持把钱给了他。

第二天，一位官员经过花匠家门前，花匠也送给他一些葡萄，那位官员接过葡萄后沉吟了良久，问："你有什么事情需要我帮忙吗?"花匠再三表明没有什么事情，只是让他尝尝而已。

于是，花匠又将一些葡萄送给了一位少妇，这位少妇接过葡萄时，有点意外，而她的丈夫在一旁一脸的警惕，看样子，他很不欢迎花匠的作为。

接着，花匠又将葡萄送给了一个过路的老人，老人吃了一颗后，摸了摸白胡子说了声"真是不错，够甜!"就头也不回地走了。

那花匠高兴极了，他为他自己终于找到了一位能够真正与他分享心情和快乐的人而兴奋，一个用温柔优雅的态度生活的人。

你看世界是什么，你就是什么。如果你觉得世界乱了，是因为自己的内心乱了，一味地感慨人情淡薄是因为自己变得"薄情寡义"了。生活中，我们如果待人多一份温暖，多一份恩情，即使世界变得再混沌，也要生活得自在，重要的是每天面对生活的态度，以温柔优雅的态度生活。懂得生活是一种品位，摘下你的"有色眼镜"，你的面前将会呈现出一片纯净的世界。

切莫为拥有的而太过兴奋，也无须奢望自己所没有的。多数时候，当我们面对伤害自己的人，千万不要被仇恨所蒙蔽，心中切勿充斥报复，但是在报复对方的同时，何尝不是在伤害自己呢?仇恨与忌妒是人生最害人的情绪，它会给人带来不好的心情，当我们身陷其中，就会变得无比的沮丧。如果我们能够以温柔优雅的态度生活，少一些功利，少一些私心，做一个有品位和优雅的人，那么，你的人生将会无比的惬意和平静。

谦逊为人更受人尊重

“愈是喜欢受人夸奖的人，愈是没有本领的人。”这也就是说：“愈是有本领的人，愈是不需要别人的夸奖。”

《人性的优点》

美国南北战争时期有一个故事：

期间，北军格兰特将军和南军李将军率部交锋，经过一番空前激烈的血战后，南军一败涂地，溃不成军，李将军还被送到爱浦麦特城去受审，签订降约。

取得胜利后的格兰特将军，是否从此就骄奢放肆、目中无人起来了呢？没有！他是一个胸襟开阔、头脑清晰的大人物，他绝不会做出这种丧失理智的行为来！

他很谦恭地说：“李将军是一位值得我们敬佩的人物。他虽然战败被擒，但态度仍旧镇定异常。像我这种矮个子，和他那六尺高的身材比较起来，真有些相形见绌，他仍是穿着全新的、完整的军服，腰间佩着政府奖赐他的名贵宝剑；而我却只穿了一套普通士兵穿的服装，只是衣服上比士兵多了一条代表中将官衔的条纹罢了。”

格兰特将军这一番谦虚的话听在别人耳朵里，远比自我炫耀、自吹自擂要受尊重的多。唯有对自己的成就不自信的人，才爱在人家面前吹嘘炫耀自己，以掩饰那些令人怀疑的地方。一个真正成功的人，根本不必自我吹嘘自我炫耀，因为他的成绩，他的成功，别人会比他自己看得更清楚。

格兰特将军在称赞了李将军的态度之外，也没有轻视他的战绩。他认为自己的成功和李将军的失败，都是偶然的机会造成的。他说他之所以取得胜利是很凑巧的，”当时敌方军队在弗吉尼亚，几乎天天遇到阴雨天气，害得他们不得不陷在泥淖中作战。相反，我们军队所到之处，几乎每天都是好天气，行军异常方便，而且有许多地方往往是在我军离开一两天后便下起雨来，这不是幸运是什么呢！”

把一场决定最后命运的大胜利，归功于天气和命运，这说明格兰特将军有很强的自知之明，始终没有被名利的欲念所埋没。曾经有人说：“愈是不喜欢接受别人赞誉的人，愈是表示他知道自己的成功是微不足道的。”

如果你时常会因芝麻大点的成就而得意忘形，接受别人的称赞，自己拍自己的肩膀，把它当作一桩十分了不起的事情，那你无异是在欺骗自己，就像那些被魔术欺骗了的观众一样。从此你将走上失败之路，因为你早已没有自知之明，盲人骑着瞎马乱闯是不会取得成功的。

其实，人们绝大多数的成功，有不少是有机运的成分夹杂在里边的，我们应该看清这些机运所在，以便将来如有同样事情发生，又缺乏这些机运时，知道怎样应付。

罗斯福就任美国总统期间，每次去打猎之前，他都会去请教一个猎人，而不是去请教身边的政治家；反之，当他讨论政治问题时，他也绝不会和猎人商议，而是和政治家开会。一天，罗斯福和一个牧场工头一起出外打猎，罗斯福看见前面来了一群野鸭，便追过去举起枪来，准备射击。但这时那个工头早已看见在那边树林中还躲着一只狮子，忙举手示意罗斯福不要动，罗斯福眼看野鸭快要到手，于是对那命令不予理睬。结果狮子在树林中听到了响声，便立刻跳了出来，窜到别处去了。等到罗斯福瞧见了，再赶紧把他的枪口移向狮子时，已经来不及了。

牧场工头立刻瞪着愤怒的眼睛，向他大发脾气，骂他是个傻瓜、冒失鬼，最后说：“当我举手示意的时候，就是叫你不要动，你连这点规矩都不懂吗？”

对于自己受到身份那样低下的牧场工人所训斥，罗斯福会怎样应付呢？大发雷霆吗？打他两记耳光吗？不，他是深明“求教原则”的人，绝不会干出那样丧失理智的事情来。他对于那顿责骂，竟安然“逆来顺受”，并且以后也毫不怀疑地处处对他服从，好像小学生对待老师一般。他深知在打猎上，对方确实高他一筹，因此，对方的指教是不会错的。

一个人不可能在各个方面都是很精通的，在我们向人求教的时候，我们千万不要被一种成见所蒙蔽，以为自己平日对于某人的印象极佳，那人说出来的话，便一定没有错，这就是不理智的行为。实际上，你应该先知道那人对于你所问的事情懂不懂、有没有经验才是。美国杂货业大王凡瑞迈可说：“年轻人平时最大的错误，就是对于任何事自己都先有了一种成见，当他们去请教于人时，实际上，并没有存着探索真理或搜求有识者经验的目的。他们最后无非是希望对方对他的意见大加夸奖一番，如果对方给了他一个否定的回答，他往往不区别事情曲直，只是大失所望，最后还是依自己的意思去做。”

一个人在某方面取得了很高的成就了，在其他方面甚至本专业方面还是有许多需要学习的东西的，要想获得更多的知识，你就需要向人请教。你要明白，求教于人并非只是使自己心境舒坦，而是要寻出一个正确的结论来。在求教于人时，有一件非常重要的事是需要你去做的，就是当对方发表了意见后，必须当机立断——接受或是拒绝。如果觉得有什么不满的地方，最好放在心里，不必说出来。

淡雅是大成者的一种潜质

一个人所具有的淡雅的品性，不是粉饰在身上的，而是从一个优秀的人才的骨子里流露出来的，它是经过修炼之后而沉淀其中的。

《人性的优点》

淡雅的为人，体现在生活中就是大气度、大胸襟和大智慧。

1938 年，马歇尔在担任陆军部副部长期间，就已经察觉到了法西斯德国的扩张野心，他深深知道，纳粹德国并不满足于将战线推向东欧，他们最终的目的是将战争推向整个欧洲乃至整个世界。倘若战争真的打起来，美国拿什么打仗呢？美国那时的海军装备不错，而陆军的情况糟透了。不谈装备，就拿军费来说，每年国会拨给陆军的军费还不够全国各陆军营房通排水沟之用。靠如此吝啬的军费，陆军根本谈不上发展，连自身都难保。马歇尔为此忧心忡忡，他认为，只有采取以下措施才能确保无虞：必须通过一项重整军备的拨款计划；必须大刀阔斧地将工厂转为军工企业，为军队生产数以万计的大炮和枪支、弹药；必须大张旗鼓招募新兵，彻底改变军队兵员严重不足的现状。马歇尔这些主张遭到了当时奉行孤立主义的国会议员们的抵制和斥责，因而没有能够付诸实践。

1939 年 9 月，第二次世界大战爆发，与此同时，马歇尔被任命为陆军参谋长。在此任期间，马歇尔竭力劝说总统和国会扩军备战，他花费大量时间让美国的公众、国会和总统注意到，美国的军事力量十分薄弱，不足以抵抗纳粹德国的进攻；在世界大战已经爆发的紧急情况下，只有实施紧急措施，从兵员和装备两方面扩军，才能使美国得到必需的防卫力量。为了达到这一目标，必须要用 6.75 亿美元，有了这些经费，马歇尔认为就可以组建一支28万人的陆军和25万经过重新装备的国民警卫队。这对于和平备战的国家来说是必不可少的，也是不过分的。但是这一计划却得不到国会任何一个党派和领导人的支持，甚至有人认为马歇尔是战争贩子，这使马歇尔十分恼火，却又无可奈何。

但是，马歇尔没有放弃实施此计划的努力，他决定和财政部长亨利·摩根一道前往白宫，请求总统罗斯福对此项扩军计划予以必要的授权和批准。当时罗斯福情绪极其恶劣，态度十分轻率，马歇尔平静地说："总统先生，可以听我讲两分钟吗？"罗斯福吃惊地抬头望着他，猛然感觉到陆军参谋长语气中含有的异常平静，罗斯福说："当然可以，马歇尔将军。"

马歇尔以平静的语气阐述了国际形势对美国的不利状况以及美国国内防守力量的现状，谈到了欧洲战争以及日本对美国的敌意和威胁，明晰而具体地指出了美国军队在兵员、武器及士气方面的糟糕状况。马歇尔心平气和、不卑不亢，用一番有理有力、有节有据的话语，终于说服了罗斯福。不久，马歇尔这个计划获国会通过，在此之后，美国开始走上了大规模扩军备战的道路，为反击法西斯日本与德国的进攻做好了充分的准备。

谈到第二次世界大战，我们会记起三个巨人：罗斯福、斯大林、丘吉尔，会记起许多驰骋疆场的名将：艾森豪威尔、巴顿、蒙哥马利、尼米兹，但人们往往会忘记那些在战场后方出谋划策，进行准备、收尾、后勤工作的将军们，其实恰恰是这些将军们奠定了胜利的基础，马歇尔将军就是这样一位战场后方的指挥者、参谋者。他在美国国内建设兵工厂、造船厂，为美国前线士兵输送了充足的、完备的武器，他在国内进行全民动员，为战争输送了大量兵员，他帮助罗斯福策划了无数次大大小小的战役。他在第二次世界大战中所做的一切，最终为盟军的胜利奠定了基础。

马歇尔这一可贵的品质，集中体现在他与麦克阿瑟的关系上。马歇尔与麦克阿瑟在陆军中同事多年，并肩作战。麦克阿瑟通常带领大军亲临战场，而马歇尔则默默无闻地在后方为他准备一切。然而，麦克阿瑟却总是抱怨和指责马歇尔，二次大战中也不例外。相反，马歇尔却从来不曾有过片言只语和一举一动表示不满，甚至在遭到麦克阿瑟当面指责时，他也总是和颜悦色、心平气和地阐述自己的观点。马歇尔对麦克阿瑟说自己的坏话充耳不闻，仍然以国家利益为重，给麦克阿瑟提供一切必要的支持和保护。在第二次世界大战期间，马歇尔曾两度使麦克阿瑟免于被解除军衔，美国海军对这一骄横的将军非常不喜欢，总是想时机一到便剥夺亚太地区麦克阿瑟的指挥权。马歇尔却镇定地说了这么一句话："你们必须让麦克阿瑟担任这个职务，这纯粹是出于能力方面的考虑。"

马歇尔曾经说过这样一些话：麦克阿瑟的做法和主张引起疑问、遭到反对的时候，我总是不顾一切地支持他，他这个人个性鲜明、感情强烈……我始终为他出力。这并不是马歇尔在讨好麦克阿瑟，而是因为他欣赏作为军人的麦克阿瑟领兵作战能力过人、筹谋指挥充满自信、身当大任举重若轻。马歇尔并不以自己的恩怨来评价一个将领，而是以他的作战能力为标准。作战能力低的，即使是他的老朋友，他也会毫不客气地降他的职，作战能力强的将军，即使对他蛮横无理，只要能打胜仗他也不会计较。

1943 年，世界反法西斯战争出现转机，同盟国决心在 1944 年组织远征军发动"霸王行动"。"盟国远征军最高统帅"由谁出任为全世界所关注。人们把目光投向了马歇尔。然而，美国总统罗斯福却为此事大伤脑筋。从感情上讲，如果不给马歇尔一个亲临前线统兵作战的机会就太不公平了。

1943 年马上就要过去了，罗斯福必须做出决定。12 月的一天，他单刀直入地问马歇尔："乔治，你愿意指挥'霸王行动'还是愿意继续担任陆军参谋长？我将完全尊重你本人的意见。""总统先生，这个问题应由您来决定，不管您任命我担任什么职务，我都同样乐意。""我仔细考虑了这个问题，决定让你继续担任陆军参谋长，由艾森豪威尔指挥'霸王行动'。"马歇尔毫无怨言地接受了总统的决定。决定一经宣布，陆军部长史汀生惊呆了，因为只有他知道做了一辈子参谋军官的马歇尔“珍藏在内心深处高于一切的秘密愿望，就是指挥盟国远征军”。只要马歇尔向总统稍微暗示一下，其愿望便能得到满足。然而为了国家利益，马歇尔没有这样做。

然而，就连后世之人提起马歇尔，也没有一个人不承认：他是一个大成者。

发自内心的微笑

如果你希望别人看到你的时候心情愉悦的话，那么你一定要记住：当别人看见你的时候，展现在自己面容上的表情一定是微笑。

《人性的优点》

在纽约的一次晚宴上，有一位客人——她是一位继承了大笔遗产的女士，因为迫切想给每个人留下良好的印象，就花费重金买了貂皮、钻石和珍珠来打扮自己，但是，她对自己的面孔却没做任何打扮。她的脸上充满了严肃和尖酸刻薄。所以，尽管她满身珠光宝器，却没有人主动向她表示亲近和友善。

施瓦伯告诉别人说：他的微笑价值百万。他大概深谙这一真理，因为施瓦伯的性格、魅力、令人欢喜的能力，几乎正是促使他成功的最主要原因。而他的个性中最可爱的因素之一，就是他那能够打动一切人的微笑。

行动胜于言论。微笑会让人明白：“我喜欢你。你使我快乐。我很高兴见到你。”

这就是宠物狗为什么讨人喜欢的原因。它们是那么高兴见到我们，以至于心都要从肚子里跳出来似的。所以，我们当然也高兴看见它们。

婴儿的微笑也有同样的效果。你是否曾在医院的候诊室里待过？是否注意到四周的人都阴沉着脸，十分厌烦的样子？住在密苏里州雷顿市的兽医史蒂芬·史波尔曾说过这样一件事：

有一年的春天，在他的候诊室中挤满了人，等着给他们的宠物注射疫苗。没有一个人说话，也许每个人都在想该干些什么，而不是坐在那儿浪费时间。候诊室有六七个人在等待，这时进来一位女士，她带了一个9个月大的孩子和一只小猫。她坐在一位男士的边上，而这位男士正等得不耐烦。当他朝边上看时，那个孩子正注视着他，并天真无邪地向他笑着。这位男士的反应如何呢？和你我一样，他也对那个孩子笑了笑。然后他就和那位母亲聊了起来，谈到了她的孩子和他的孙子。很快，整个候诊室的人都聊了起来，气氛活跃了，每个人都有了一种愉快的体验。

小孩的笑是否不真诚呢？绝对不是。不真诚的笑是骗不了人的。我们知道那种笑是机械的，我们会厌恶它。我是在讲一种真正的微笑、热心的微笑、发自内心的微笑，那种在人际交往中极具价值的微笑。

密歇根大学心理学教授詹姆斯·麦克奈尔谈了他对微笑的看法。他说："那些笑脸常在的人，在教育和推销当中会更容易成功，更容易培养快乐的下一代。笑容比皱眉头更能传情达意，这正是鼓励比惩罚更能起到有效教育的原因所在。"

纽约一家大百货商店的人事经理告诉朋友，他情愿雇一个带着可爱微笑的小学未毕业的职员，也不愿雇一位面孔冷淡的哲学博士。

即使我们不能看到笑的本质，但它的作用却是很大的。遍布全美国的电话公司有一个栏目叫"声音的威力"，这个栏目是为用电话推销产品和服务的业务员提供的。在这个栏目中，电话公司建议你在打电话时，应该保持微笑，但是这种微笑只能通过你的声音来传达。

美国一家最大的橡胶公司的董事长告诉我，根据他的观察，一个人无论做什么事，除非他对此很感兴趣，否则将很难成功。这位实业界的领袖对"千年寒窗可以成就功名"那句老话并不太相信。"我认识一些人，"他说，"他们起初成功了，因为他们对他们的事业极其感兴趣。后来，我看见那些人开始变成工作的奴隶，工作对他们而言变得异常无聊，他们丢失了工作中所有的乐趣，于是他们失败了。”

如果你希望别人看到你的时候很愉快，那么当你看见别人时，你也一定要心情愉悦。

所以我们建议，所有的职业人士，花上一个星期的时间，每天的每小时都要对人微笑，然后再回到班上来谈结果。效果怎样呢？就让我们来看看……纽约证券交易所会员威廉·史丹哈德的一封信。他的情况并不是个别现象。他在信中写道：

“我已经结婚 18 年了，”史丹哈德写道，“在此期间，我从起床到准备好出门上班，我都难得对我的妻子微笑，或说上一两句话。我是那些在大街上奔波的人当中脾气最坏的一个。

“因为你建议我们谈对微笑的感受，于是我就想试一个星期。所以，第二天早上，当我梳头的时候，我就看着镜中那副阴沉的面孔，对自己说：‘比尔，你今天必须把你的愁容从脸上扫除。你要微笑。你现在就应该开始。’我坐下吃早餐的时候，对妻子说：‘亲爱的，早上好！’我说这话的时候，脸上带着微笑。

“你曾提醒过我，她可能会感到惊讶。可是，你低估了她的反应。她不仅迷惑不已，甚至惊呆了。我告诉她，她将来可以每天都看到这种愉快的微笑。从此以后，我每天早上都这样。

“由于我改变了态度，使得我们家在这两个月中所得到的快乐，比过去一年的还多。

“当我去办公室的时候，我会对大楼开电梯的人说‘早上好！’并且对他微笑。我还和看门人微笑着打招呼。我在地铁售票处兑换零钱的时候，也会以微笑和服务员打招呼。当我站在交易所大厅的时候，还会对那些以前从未见过我微笑的人微笑。

“不久，我就发现每个人都对我报以微笑。我微笑地接待那些发牢骚和抱怨的人。当我听他们抱怨的时候，我会保持微笑，于是问题的解决变得容易了。我发现微笑给我带来了财富，我每天都会收获许多财富。

“我同另一位经纪人共用一间办公室。他的秘书是一个可爱的小伙子。我很为我所取得的进展而高兴，所以将自己最近学到的人际关系新哲学告诉了他。他承认说，当我最初与他共用办公室的时候，他还以为我是个郁郁寡欢的人呢——直到最近他才改变这一看法。他说，当我微笑的时候非常亲切。

“现在我改掉了批评的习惯。我只是欣赏和称赞别人，而不指责。我也不再谈论自己的需要，我现在总是从别人的立场来分析问题。这些做法真的改变了我的生活。我现在已经变成另一个人了，一个更快乐、更充实的人，而且收获了友谊和快乐——而这些才是最重要的。”

可见，示人以微笑，不但可以重拾快乐，更可在人前树立一个可人的形象。

十

保持淡定，悠然享受美好生活
——淡定是上帝的恩赐

淡定是淡泊、淡化、淡忘、淡然和淡雅；淡定是日出而作、日落而息的悠然，是得失随意，荣辱不惊的超脱，是平平淡淡的洒脱人生。淡定是优雅为人的处世态度，是难能可贵的生活智慧，是一种最能为自己带来成功结果的心安、宁静心理的至高境界。

生活因平常而丰富

平常的生活一经升华，就会变得不那么平常起来，因为，生活是美丽的，这种美丽，恰恰蛰伏于最容易被我们忽略的平平常常之中。

《快乐的人生》

什么是平常的生活？平常的生活就是普普通通的生活，当然，如果让你选择普普通通、平平淡淡的日子去过，大多数人还是不乐意的。因为这样的生活没有波澜壮阔、没有惊天动地、没有风光、没有鲜花、没有掌声。但是，也许你没有想过，你周围那些快乐的人，他们之所以快乐，就因为他们珍惜平常。喜欢过一种平常的生活，他们的生命旅程也因平常而丰满。下面这个寓言故事就说明了这个道理。

一直以来，小白兔都是靠种青菜、萝卜为生，过着一种清苦的生活。而狐狸呢，从来就不到地里劳动。它今天到农夫家叼一只鸡，明天到牧人那2里偷一只羊，因为顿顿吃荤，所以自我感觉日子过得有滋有味。

一天，狐狸去拜访小白兔，并告诉小白兔，自己平时都吃了些什么。小白兔听后，心里很是羡慕狐狸所过的那种生活。但它不愿去偷去抢，所以只好一年到头吃青菜和萝卜。

狐狸向小白兔告辞时，轻蔑地说："你真愚蠢！活该一辈子劳动，一辈子吃素。"

自认为聪明的狐狸在冬天来临时，家里因为没有贮藏的粮食，加之大雪封山，它无法下山偷鸡抢羊，竟被活活地饿死了。

小白兔死守着青菜、萝卜，一辈子过得安逸、舒适；狐狸虽然吃过很多美味，但最终还是被饿死。人生也如此。你甘于平凡，甘于平淡，就能收获满足，收获快乐；你追求刺激，追求享受，到头来往往落得两手空空。

就像狐狸一样，我们对于平常的无端蔑视和漫不经心，也是我们最经常、最易犯的错误之一。然而，竟有那样多的人对平常总是不屑一顾，尽管他们几乎一生都是在平平常常中度过。

平常之所以值得珍惜，既是因为它存在于现实之间，每个人都毫无例外地拥有，又是因为它深潜着理想基因，并非每个人都能发掘。而且一旦失去之后，它就会显示出惊人的价值和增值的能力。

一位国外知名作家在失去自由隐居一年之后，有人问他最想念什么，他深有感触地回答："我想念的是平常的生活。在街头散步，到书店里从容浏览书籍，到杂货店里买东西，到电影院去看一场电影。……我想念的只是这些平常的小事情，你有这些事情可做时，认为一点不重要，当你不能做的时候，才知道那是生命中的要素，是真正的生命。取消这些事情，是最大的剥夺。"这段表白，真是再朴素不过地阐述了平常的价值。

你甘于平凡，甘于平淡，就能收获满足，收获快乐；你追求刺激，追求享受，到头来往往落得两手空空。没有把平常日子过好的人，不会品味到人生的幸福；没有珍惜平常的人，不会创造出惊天动地的伟业。珍惜平常的生活，你就能够时时品味到生活中的快乐。

享受生活的乐趣

懂得堂堂正正地享受今天，这是至高的，甚至是至圣的完美品德。

《快乐的人生》

某地的风俗，设宴时要给客人奉上大量的牛奶，所以一般人都在请客前很久开始挤奶，不至于临时供应不上。

有一个人计划在一个月以后请客，他心里想："如果要装那么多的牛奶，就需要有很大的木桶。而且牛奶放在木桶里，日子久了就容易坏。不如干脆把它放在牛肚子里，到请客那天一并来取，那就既省事，又能有新鲜的牛奶，不是再好不过了吗？"

他对这个绝妙的想法很满意，于是就把所养的一头奶牛和正在吃奶的小牛分开，每天也不去挤奶了。

一个月以后，请客的日子到了，这人把奶牛牵来，准备让客人们品尝新鲜的牛奶，可是不论他怎样努力，却一滴牛奶也挤不出来，被所有的客人讥笑了一顿。

长期以来，人们一直不敢快乐地享受每一天，因为他们也是想把快乐贮存起来，以备未来享用。

从精神实质上来说，每一天的生活，不过是时间在我们的灵与肉之上的一些映象，最后留存下来的，除了一些快乐与不快乐的体验，别无其他。贮存快乐的想法和准备把牛奶贮存在牛肚子里一样愚蠢。

16世纪法国著名的散文家蒙田说："懂得堂堂正正地享受今天，这是至高的甚而是至圣的完美品德。"

享受今天是逐渐实现自己的愿望，实现自己的理想，享受自己在奋斗过程中的幸福和快乐。从这个角度来说，人生的第一要义在于发展自己所有的、所能成就的东西，并且谁都有权利这样做。

有人把享受今天看成今朝有酒今朝醉，看成是酒池肉林吃喝玩乐。尽管这也是享受，但这只是肉体上的享受。

其实，真正的享受不仅仅是吃喝玩乐，也不仅仅是恣意无度的放纵，而是正视人生的悲欢离合，体味生命中的快乐与激情、悲哀与愤怒。真正美满的人生就是符合一般常人范例的生活，井然有序，但不含奇迹，也不超越常规。

每个人生下来都要面对一系列的人生问题：生存问题、发展问题、物质满足、精神满足等等。如何去解决这些问题，每个人都有自己的方式，但总的来说，都要经过一定的历程。

人在解决问题达到自己的目标的过程中，既会有成功，也会有失败，但无论是成是败，都要在奋斗过程中享受它们。包括从失败中得出对人生有用的教训和经验。

不要害怕享受人生，所有的人都可以享受人生，享受生活；有钱的人可以，贫穷的人也可以；四肢健全的人可以，身有残疾的人也可以；成功的人可以，失败的人也可以。关键是看他如何看待生活，看待人生。

享受人生要讲究方法，因为生活的乐趣是随我们对生活的关心程度而定的。

享受人生是一种乐趣，会享受人生的人是快乐的。但享受也是随地随处、每时每刻的事情。永远不存在那样的一个起点，让我们静下心来，好好地开始享受人生。

叔本华说："对于人生来说，所谓的幸福，是意志达到目的的状况，而意志在追求目的时受到的压抑则是痛苦的。所以，人生的幸福是暂时的，痛苦是经常的。因为人的追求没有最后的目标，人的欲望永远无止境。"

这种虚妄的期待和无用的隐忍，真是最让人觉得可笑又令人叹息。

谁也不知道明天会发生什么。如果我们能知道，那世界应该变得多么灰暗：我们将失去所有的激情，生活会变得像一部看过了的老电影，不再给我们带来惊喜，也难以使我们感动。

生命最重要的就是今天，因为一切“过去”，都是由“现在”这一瞬间累积的，不把握现在，也就没有永恒。

古罗马诗人菲尔西乌斯的一首诗可为我们加油：

尽情享受吧，我们仅此一生。

明天我们只留下余灰，化做幽灵，一切归于乌有！

快乐在于平凡。

不以刻薄的心对待自己，真正的宽容，无非是先容得下自己，让自己积累每一天的感悟，享受每一天的人生。

善待自己，以一颗博大的心，品味人生，享受人生，让自己在生活中不断成就目标。

正确对待生活中的得与失

人生中，得与失，常常发生在一念之中。到底要得到什么？到底会失去什么？人不同，见解不同，但不可不知的是，人应随时调整自己的生命点，该得的，不要错过；该失的，洒脱地放弃。

《智慧的锦囊》

每个人都希望让自己的一生过的尽可能的幸福和快乐，其实，要达到这样的目的并不难，因为，真正的幸福是一种感觉，它就掌握在自己的心里。

福将至，不要喜不自胜；祸将至，不要悲痛欲绝。只要我们能够把握自我、超越自我，自会赢得一个广阔的心灵空间，过一个快乐的人生。

有个商人经过多年的辛苦经营攒下了一笔财富，于是，他将这些财富换成了一锭金子，并把这事张扬了出去，可是后来他又十分后悔，怕自己把这件事说出去后，有人去偷金子，所以他每日担心，每夜难以入睡。于是他就在墙角处挖了一个洞把金子放在那里，而且每天都要看一次。由于他总要去那里，渐渐地还是引起了别人的注意，终于趁他不备偷走了金子。这位商人再去时，金子已经不见了，于是他放声大哭起来。邻居见他如此难过，就纷纷地安慰他说："金子埋在那里不用，和石头没有什么区别，这样吧，你再埋一块石头在那里，拿它当金子不就行了吗？"于是，这位商人才停住了哭声。

面对得失就应当有一个正常、豁达的态度，既不要在得到时喜不自胜，也不能在失去时悲痛欲绝。能够正视得失，对你的人生观会很有帮助。

自古以来，千军易得一将难求。有人得一人而天下兴，也有人得一人而江山亡。如文王得姜尚，纣王得妲己。得失之间有好有坏，得也不一定值得欢喜，失也不一定值得伤悲。不管是得是失，都各有因缘。是你的，不必力争也会得到；不是你的，即使千方百计取得，也会随风而逝。人的一生，失去了金钱，会有再来的时候；而失去了人格与道德，却极不容易恢复。

生活犹如万花筒，喜怒哀乐与酸甜苦辣是相依相随的，无须过于在意。重要的是做到得而不喜，失而不忧。得与失在我们的心中，其实只有一丝之隔，我们意以为得，就是得意；意以为失，就是失意。人生最大的得意与失意，其实都是由我们自己来左右的。得与失是天平的两端，要想有好的结果其实很简单，就看我们如何往上放砝码了。

能将个人的得失置之度外，便可宽心自如地对待周遭的人与事，时时从大局着眼，从长远利益考虑问题，这才是聪明的选择。我们要尽可能做到：行至水穷处，坐看云起时；人生得与失，都付笑谈中。有了如此轻盈的心态，我们就不会为人生的得失而苦恼，这才是我们对待生活的正确态度。

有专家做过这样一个调查，假如你的生命只剩下七天，那么你将如何安排？和谁共度？多半的回答是：

“如果我只剩七天，我会告诉我心爱的人我对他的爱。”

“如果我只能活七天，我要坐在海边，欣赏夕阳……”

大多数人都希望能做些使生命更完整的事，而且也都意识到这件事的迫切。那么，还等什么呢？为什么要等到只剩下“最后”七天才愿意去做这些事？为什么不现在就去做呢？

得与失本来就是不可分割的统一体，得即是失，失即是得，面对得失，我们要以“得而不喜，失之不忧”的精神来对待，满足于现在，活好今天，人生才会快乐，才会有进步。

无论你多么热爱自己的事业，也无论你的事业是什么，你都要为自己保留一个开阔的心灵空间，一种内在的从容和悠闲。唯有在这个心灵空间中，你才能把事业作为你的生命果实来品尝。如果没有这个空间，你永远在忙碌，你的心灵永远被与事业相关的各种事务所充塞，那么，不仅你的事业完成情况不尽如人意，还会损耗你的生命。

悠闲，不是懒散，而是某种特别的心境。通常所说的空闲时间，实际上是指我们感到闲暇的时刻。什么是悠闲？感受它，远比说明它更难。这与无所事事或游手好闲无关。等候在客户房间里，自然有空闲时刻，却无悠闲之感；同样，我们在火车站换车，即使等上两三个小时，也享受不了那份清福。这两种情形，我们都不会感到安宁和自在，能在这种场合安心阅读、学习或回忆，那是十分罕见的。这时，我们心里总是烦躁不安，仿佛有什么东西在那儿作祟，就像我们在童年时代，不住地踢着那慢吞吞的脚踏车轮胎的情形。

悠闲，意味着不仅有充裕的时间，而且有充沛的精力。同时，要真正领略到悠闲的滋味，必须从事优雅得体的活动，因为悠闲要求发自内心的自然冲动，而非出自勉强的需要。它像舞蹈家起舞，或者滑冰者滑动，是为了合乎内在的节奏；而不像农人耕地或听差跑腿，只为了得到报偿。正是这个缘故，一切悠闲，皆是艺术。

悠闲，是一种心境。人有时非常矛盾。一个人本来活得好好的，各方面的环境都不错，然而当事者却可能心存厌倦。对人类这种因生命的平淡，以及缺少激情而苦恼的心态，有时是不能用不知足来解释的。

有人曾对住在一座森林公园里的一对夫妻羡慕不已，因为公园里有清新的空气，有大片的杉树、竹林，有幽静的林间小道，有鸟语和花香。然而，他们认为这儿没有多少值得观光和留恋的景致，远不如城市丰富有趣。在那个地方，他们并没有多么悠闲的感受。

熟悉的地方没有悠闲。这对夫妇对这儿太熟悉了，花草树木，清风明月，在他们漫长的日子里，已不再有悠闲的含义，而是成为习以为常的东西。

当心像明月一样时，有水就有月；当心要像天空一样时，云开现青天。这时，快乐像把左手交给右手一样容易。

美国著名的教育家海伦·凯勒在《假如给我三天光明》一文中表达了一位盲人对人生中仅有的三天光明的万分珍惜。假如给盲人三天光明，收入眼帘的是葱郁的山林、碧碧的草地、油油的庄稼、可亲的身影……这些，对于一个视力正常的人来说，不过是司空见惯的事，熟视无睹，便漠然置之。有谁能在闲暇之时，特地抽空去林间听一听鸟鸣？有谁能对眼前的景物产生特别的惊喜？

美国著名哲学家梭罗曾说："我来到森林，因为我想悠闲地生活，只面对现实生活的本质，并发掘生活意义之所在。我不想当死亡降临的时候，才发现我从未享受过生活的乐趣。我要充分享受人生，吸吮生活的全部滋养……"

这才是真正的会享受生活。

心归宁静，痛苦释然

有些时候，我们抱怨自己的一些失意和上帝的不公，其实，这里多数的原因是因为我们的孤陋寡闻，当我们了解了社会，回顾了历史，放眼一下世界，我们就会发现，我们现在的生活竟如此的幸运。

《思想的光辉》

在相同的环境中，面对同样的压力或遭受同样的挫折，在不同的人身上会反映出不同的态度和结果来，这中间的差异及结果演绎的过程很复杂，但原因却很简单，即在于不同的人面对同一问题所表现出的态度是不同的。仅此而已。

美国著名的心理学家威廉·詹姆斯说："我们这一代人最重要的发现是，人能改变心态，从而改变自己的一生。"的确，人的这一生幸福或坎坷，快乐或悲伤，有相当一部分是由人自己的心态决定的。

你要把人世间发生的事都看得很坦然，你就会活得很坦然，但如果你凡事都要求最好，凡事都要按着自己的愿望去发展，那你会感到生活得很痛苦。

有这样一个故事。有位老太太找了一个油漆匠到家里粉刷墙壁。油漆匠一走进门，看到她的丈夫双目失明，顿时流露出怜悯的目光。可是男主人开朗乐观，所以油漆匠在那里工作的几天，他们谈得很投机，油漆匠也从未提起男主人的缺陷。

工作完毕，油漆匠取出账单，老太太发现比原来谈妥的价钱打了一个很大的折扣。她问油漆匠："怎么少算这么多呢？"油漆匠回答说："我跟你先生在一起觉得很快乐，他对人生的态度，使得我觉得自己的境况还不算最坏。所以减去的那一部分，算是我对他表示的一点感谢，因为他使我提高了对生活的满足度。”

油漆匠的称赞，使她感动地流下了眼泪。因为她还看到了这位慷慨的油漆匠只有一只手。

残疾者尚能对生活如此满意，那么我们正常人呢？其实，生活中每个人都可能遇到这样或那样的不幸，诸如亲人不幸离去、朋友分手、面临失业，但你需要知道的是，这一切于你都不重要，也都是其他人时常所面临的情况，别人的情况也不比我们好多少，而人最致命的弱点来自我们自己心灵的绝望，相对于我们健康的心灵来说，一切外来的打击和影响，都无所谓，因为它们都不足以影响我们对生命价值的追求，对事业的热爱和向往。

一位哲人说过：态度就像磁铁，不论我们的思想是正面的还是负面的，我们都受它的牵引。而思想就像轮子一般，使我们朝特定方向前进。虽然我们无法改变人生，但我们可以改变人生观；虽然我们无法改变环境，但是我们可以改变心境。

我们让心境变得单纯一些，超然一些，如此，我们的人生将不会有任何不如意的感觉，我们将会快乐一生。

潇洒的人生应该是进也安然退也淡定

生活中，有人活得很累，很郁闷；有人却活的很轻松，很潇洒，活得累的人是因为有外物的牵绊，心灵有压力；活得轻松的人，是因为他们能够摆脱自我的限制，心灵是自由的，心灵自由，自然是进退自由，生活舒畅。

《思想的光辉》

多数人都承认这样的现实：人生充满着波澜起伏，人的一生也不停地要同困难斗争，排除人生障碍，很不轻松，但是，平凡和琐碎构成了生命的永恒。大浪翻滚的日子只不过是惊鸿一瞥，昙花一现。其实，人生中的点点滴滴，都始于平淡，而终于平淡，可以说，平淡是人生的真滋味。而芸芸众生，有多少人能够真正地享受到这远在天边，近在眼前的真滋味呢？

现代社会，人之所以浮躁均源于内心一些非分的欲望，只有具有从容淡定的心态，才能处于平和的状态之中。只有拥有淡定安详的心境，才能够行走得更为高远。当今社会，我们更应该淡然入世，超然出世。

有一位久战沙场的将军，因为长年在外征战，厌倦战场上的生生死死，于是，就想逃避喧嚣的战乱纷争，于是，决定出家以度过自己的后半生。

这一天，他来到寺院中，找到禅师说明自己想要出家的理由。恳请禅师为他剃度。禅师意味深长地对他说："将军，你先不要着急，我认为你还不到出家的时机，请三思而后行。"将军回答道："禅师，您就满足我出家的愿望吧！我当下无牵无挂，可以抛弃世间的一切，甚至包括我的爱妻和可爱的孩子。"禅师心平气和地对他说道："不要着急，你的心意确实不够真诚，有些浮躁。"

几度劝说之后，无奈之际，将军就回到家中。第二天，这位将军为了表达自己的诚意，就在一大早来到寺院请求禅师为他剃度，让他感到出乎意料的是，禅师却莫名其妙地问他道："你来得如此之早，难道就不害怕你的爱妻红杏出墙吗？"将军听后，恼羞成怒。

禅师微笑着说道："我昨天认为你有些浮躁，还不适合出家，现在总应该相信了吧？"刹那间，将军无言应对。

在现实生活中，诸如将军的人不胜枚举。自以为自己内心已经淡定从容了，但是实际上却达不到真正的豁达的境界。的确如此，在五彩斑斓的大千世界里，若要做到从容淡定，并非一件轻而易举的事情。

淡定是内心的一种安详，它如叶生树梢般安然。面对世事既能宠辱不惊，又能不卑不亢；既能不为一切所累，又能不为蜚语所左右时，这就是淡定安详的全部蕴涵。只有拥有淡定安详的心态，才能在粗茶淡饭中享受天伦之乐；只有具有淡定的心态，才能在喧嚣浮躁的世间保持一份“众人皆醉我独醒”的非凡境界。

淡定既是一种心境，又是一种洒脱；安详既是一份淡然豁达的心态，又是一种清朗明净的感觉。只有淡定安详，才能够避免在物欲横流的社会中随波逐流。

淡定不是无所追求，而是在追求中要保持一种恬淡。正所谓“物来则应，物去皆静。”对于一个人来说，只有淡定平静，才能够真正地享受到人生的真滋味，只有做到内心宁静，才能体会到生活永远充满阳光。

无所谓的事情即用无所谓的方法去解决

对于在生活中发生的一些无关紧要的小事情，如果有时间，又有精力就关注一下，否则完全可以做无所谓处理。生活中发生的问题，原因就在于我们没有处理好有所谓和无所谓之间的关系。

《智慧的锦囊》

有一位自认为活得很开心的人说：在我们家，很早之前就建了“划拳宪法”，即便是经过这么多年，既没有被废弃。

当夫妻之间，或者家庭成员之间的意见不一致，而且彼此坚持自己的主张，最后无法达成一致的时候，我们就会以划拳的方式来决定。石头、剪刀、布，就是我们的“划拳宪法”。当然，这时候还是要尊重输赢双方的意见。

本来就是家庭内部的事情，所以大体上利害关系对谁都一样，不会引起太大的问题。其实“划拳宪法”能够延续使用，也是因为在家庭里无论哪方胜利都无所渭。

但就是这些无所谓的事情，如果双方都固执己见、毫不让步的话就会变成毫无意义的辩论、争吵，往往会造成家庭内部气氛的紧张。此时，一边笑着一边通过“划拳宪法”的实施就可以轻松解决问题，妥当至极。虽然有时候在天气晴好的日子里，被迫穿得厚重；在太阳火辣辣的日子里，不得不撑着伞，但是却不能有怨言。

无所谓的事情以无所谓的方式来解决，这也是我宝贵的“我的思考方式”中的一点。

这个世界就如同一面镜子，如果你紧锁眉头面对这个世界，那么镜子也会紧锁眉头来回敬你。人可以说都是性情之物，对任何事情都不会过多地去思考，但是如果对一切都一笑了之的话，那就未免太过轻浮。不得不认真考虑、认真对待的事情有很多。但是对无所谓的事情也过度思考就毫无意义了，这些事情其实只需要虚心坦怀，简单处理一下就可以。

想做到这些的话，可以尝试一下“划拳宪法”。

我们坚持“划拳宪法”的目的就在于放弃日常生活中的恶气、傲气，还有好斗之气。

家庭中的一些寻常问题，在还没有发展为难题之前通过“划拳宪法”得以轻松解决，这样一来，任何家庭都不会出现真正难以解决的问题。普通的事情以平常心来处理对待，这样那些无论如何也解决不了的难题就自然而然提前解决掉了。家庭内部如果经常是一种春风和煦、夫唱妇随或者妇唱夫随的话，日子就会过得温暖祥和。

这首先要求丈夫要站在丈夫的立场上把属于丈夫的事情处理好，妻子要站在妻子的立场上把属于妻子的事情处理好。

在这个忙碌的人世，特别是为事业奋斗的人，男方并不能够在家里对任何事情都一一作出指示，也并不能任何事都亲自处理，这也完全没有必要。我在最初就将一切事都委托给妻子全权处理，工资袋拿回家之后原封不动地交给妻子，而且作为既定方针，每月工资的四分之一都要存入银行，其余的就由妻子自由支配。如果这也做不好，那就只有对她说“你回妈妈家去吧!”不过这时候的“回妈妈家”也只是一个玩笑而已。

如果把一切都交给妻子的话，她自然而然就会有一种责任感，相关方面的认知程度也会提高。如果丈夫经常干预，就会导致妻子失去自我思考的机会，责任感也会降低。女性一旦开始承担责任，就会变得非常伟大，她们会想尽办法，让事情顺利进行。还有，如果存折都换成妻子的名字，那么存折里的钱就会一路上涨，因为女性天生就喜欢存款。

有人说，女性一旦能够自由支配钱财，就会毫不顾忌大手大脚、铺张浪费，实际上恰好相反。比起购物，她们反而觉得存钱更有意思，而且女性一般不会随便使用精打细算积攒下来的钱。钱之类的东西，就让妻子存起来，让妻子管理最安全。如果把钱一点一点地拿给妻子做家用的话，妻子就会觉得：这钱不用掉就亏了，因此不知不觉间就会全部用掉。相信这不仅是我个人的亲身经历，诸君也深有体会吧！

总之，在家庭当中夫妻间的信任最重要，丈夫信任妻子自不用说，妻子也要绝对相信丈夫。只要妻子发自内心地相信丈夫的话，即使刚开始时丈夫并不可靠，也会慢慢变得可以信赖。此外，这也是驱逐贫穷、不幸，奔向幸福生活的方法之一。

我就是以这种方针教导子女的，因此他们没有一个人因贫困而发愁，也没有一对分道扬镳，都在享受着美满幸福的家庭生活。

用微笑迎接明天的开始

世事无常，在追求和奋斗的过程中，所有的一切都不可能如你所愿。挫折、痛苦在所难免，如何才能让自己的生命在挫折和磨难中也能精彩十足呢？那就要时刻微笑，笑对人生。

《人性的弱点》

雪莱说："冬天到了，春天还会远吗？"其实，在很多时候，人生就像一面镜子，你对它笑，它就会对你笑。在逆境和黑暗来临的时候，我们需要的是勇气，更需要的是微笑。笑对人生，生活才能多姿多彩，明天才会光辉灿烂。

一位哲人说，经常微笑的人，运气不会很差。因为一个人的笑容就是他真诚的信使，他的笑容可以照亮所有看到他的人。微笑虽然不是极难的事情，但是它却会给你带来震撼人心的力量。

有这样一个人，上帝给了他丑陋的相貌，他的身高仅有 1.55 米，在他三四十岁的时候，才开始做推销保险。在他当保险推销员的前半年中，他没有为他所在的公司拉来一份保险单。

他没有钱租房，就经常睡在公园的长椅上面；他没有钱吃饭，就吃专供给流浪者吃的剩饭；他没钱坐车，就只好步行前往他要去的地方。上帝在给他苦难的同时，也给了他另一种财富，那就是经常微笑，自信乐观的性格。

他从来不觉得自己是个失败的人，至少从表面上没有觉得自己是个失败者。每当清晨从公园的长椅子上“起床”的时候，他就向每一位他所碰到的人微笑，不管对方是否在意或者回报他的微笑，他都不很在乎，而且他的微笑永远都是那样的由衷和真诚，看上去是那么精神抖擞、充满信心。后来，他就是凭借这张笑脸，成为日本历史上签下保单金额最多的保险推销员原一平。他的微笑也被称为“全日本最自信的微笑”、“最有价值的笑容”。

微笑是最具力量的表情，它可以点亮天空，可以振作精神，可以改变你周围的气氛，更可以让微笑迎接明天！

有一位成功人士曾总结出一套成功秘诀：“如果长相不好，就让自己有才气；如果才气也没有，那就总是微笑。”微笑不仅能够展示自己的自信，也传递了一种乐观积极的生活态度，它可以显示出一个人的思想、性格和感情。微笑是富有感染力的，一个微笑往往带来另一个微笑，能使双方得以沟通，建立友谊、融洽关系。这样，人与人之间的关系可能会单纯得多、轻松得多。

对敌手，微笑是一种大度；对伤害过自己的人，微笑是一种宽容；

对陌生人，微笑是交流；对朋友，微笑是友谊；对亲人，微笑是挚爱……一路带着微笑走下去，心情，会因微笑而快乐；如果我们能够微笑，能够有安详平和的心境，那么不但我们自己身心受益，而且周围每个人都将受到感染和滋润。

微笑是一种美丽的表情，微笑的面孔永远年轻。微笑可以驱散心头淤积的悲伤与苦痛，他可以给疲惫者奋起前行的力量，可以给弱小者寒冬中的温暖……

一位名人说过：“人的生命，似洪水在奔流，不遇着岛屿、暗礁，就难以激起美丽的浪花。”在生活中我们会面临各种各样的挑战，考试败北，伤心失落写在脸上，为什么不用笑容抹去眼角的泪水；失意苦恼时，心头一片愁云，为什么不用笑容驱走那一片阴霾。有言道：“伟大的心胸应表现出这样的气概——用笑脸来迎接悲惨的厄运，用百倍的勇气来应付一切的不幸。”

生活中摸爬滚打的人们，即使前方有太多的坎坷，如果始终能以微笑着面对。都将会多一份坦然，少一些遗憾。

淡定的人在任何地方看到的都是生活的亮点

面对同样的生活环境，浮躁之人眼里充满了让他烦心的人和事，而淡定之人的眼里却都是生活的亮点。

《智慧的锦囊》

俗话说：“比海更宽的是天空，比天空更大的是人的心灵。”生活不论如何折磨人，如何将你压缩在一个四方的小盒子里，但思维的空间是不受限制的，心灵的视野里没有藩篱的，无比宽广，任你驰骋。

有一个人单身时，和几个朋友一起住在一间七八平方米的小屋里，生活非常不便，但他一天到晚总是乐呵呵的。有人问：“那么多人挤在一起，连转个身都困难，你有什么可高兴的？”这个人说：“跟朋友们在一块儿，随时都可以交换思想，交流感情，这难道不是很值得高兴的事情吗？”

过了一段时间，朋友们一个个相继成家，先后搬了出去。屋子里只剩下了他一个人，但是他每天仍然很快活。又有人问：“你一个人孤孤单单的，有什么好高兴的呢？”“我有很多书啊！一本书就是一个老师，和这么多老师在一起，时时刻刻都可以向它们请教，这怎能不令人高兴呢？”

几年后，这个人也成了家，搬进了一座大楼里。这座大楼有七层，他的家在最底层，而底层是这座楼里环境最差的，楼上总是往下面泼污水，丢死老鼠、破鞋子、臭袜子和乱七八糟的脏东西。可是，这个人还是一副自得其乐的样子。这时，又有人好奇地问：“你住在这样的房间里，也感到高兴吗？”“是呀！你不知道住一楼有多少好处啊！进门就是家，不用爬楼梯；搬东西也方便，不必花很大的力气；朋友来访容易，用不着一层楼一层楼地去叩门询问……尤其让我满意的是，可以在空地上养一些花，种一些菜。这些乐趣呀，数之不尽啊！”这个人情不自禁地说。

过了一年，这个人把一层的房间让给了一位朋友，自己搬到了楼房的最高层，可是他每天仍是快快乐乐的。又有人间：“你住七层楼是不是也有许多好处呀？”他说：“是啊，好处可真不少呢！举几个例子吧，每天上下几次，有利于身体健康；光线好，看书写文章不伤眼睛；没有人在头顶干扰，白天黑夜都非常安静。”

后来，有人问道：“你总是那么快快乐乐，可我却感到，你每次所处的环境并不那么好呀！”这个人心平气和地回答说：“决定一个人心情的，不在于环境，而在于心境。”

可见，一个拥有淡定品性，心宽得能够把什么都看的很美好，自然能做到宠辱不惊，宠辱不惊是包容心的高层次境界，它不是消极的回避，也不是看破红尘，而是远离名利、远离喧嚣的一种坦然，一种从容。

人生偶有失意，在所难免，一向得意容易让人忘形，为失败衰怨，对现实不满也是无用之举，一切都应当以看淡看轻来化解。不要过分感叹失去，因为走过的路不能倒退，也不要过分庆幸获得，因为前面的路还要面对，而我们应该做的就是珍惜每一个瞬间，并满怀热情地去面对下一个。唯有人心真正闲下来，放下对世俗人情的执着和迷恋，才能将个人的精神提升到一个新的境界，才能感受到“淡定”的美妙意境。

附录：卡耐基生平及著作简介

◆ **卡耐基生平**

卡耐基（Carnegie，D. 1888 年 11 月 24 日－1955 年 11 月 1 日），被誉为是 20 世纪最伟大的心灵导师和成功学大师，美国现代成人教育之父，美国著名的人际关系学大师，西方现代人际关系教育的奠基人。

卡耐基一生结过两次婚。他的第一任夫人，是法国的一位女伯爵，1921 年与他结婚，十年后离异。他的第二任夫人姚乐丝·卡耐基于 1944 年和他结婚，是他的门徒和事业的继承人，并给他生了一个孩，取名丹娜。

卡耐基是一位质朴而谦诚的人。他热情、友善，忠诚；并且具有坚强的信念、充沛的精力和对理想执着追求的毅力。他出生于美国密苏里州一个贫穷的农民家里。他的父亲是一个勤勉的农夫，他的母亲是一个虔诚的教徒，婚前她曾做过教员。卡耐基的童年和其他美国中西部农家的男孩子一样，帮助家里做杂事、赶牛、挤牛奶；还一度为人摘草莓，割野草，一小时赚五美分。在那个没有农业机械的年代，他和父亲一起做着繁重的农活。可是年年河水泛滥，冲毁庄稼，往往使他们一年的辛劳付诸东流，全家人过着贫困的生活。

如果说，卡耐基的童年和密苏里州农家男孩子有什么不同的话，那就是受到他母亲的很大影响。他母亲鼓励他读书，希望他将来做一名传教士，或做一名教员。但是，家境的贫困，使年轻的卡耐基必须为受教育而努力奋斗。1904 年，卡耐基高中毕业后就读于密苏里州华伦斯堡州立师范学院。这个时候，他的家已把原来的农场卖掉，迁到华伦斯堡师范学院附近。卡耐基负担不起市镇上的生活费用，就住在农场的家里，每天骑马到学校去上课，是全校六百名学生中五六个住不起市镇的学生之一。在家里，他挤牛奶，伐木，喂猪，在煤油灯下刻苦读书，有点中国古训标榜的那样：头悬梁，锥刺股。他虽然得到全额奖学金，但还必须参加各种工作，以赚取必要的学习费用。这使他感到羞耻，形成了一种自卑的心理。因而，他想寻求出人头地的捷径。在学校里，具有特殊影响和名望的人，一个是棒球球员，一个是那些辩论和演讲获胜的人。他知道自己没有运动员的才华，就决心在演讲比赛上获胜。他花了几个月的时间练习演讲，但一次又一次地失败了。失败带给他的失望和灰心，甚至使他想到自杀。然而第二年里，他开始获胜了。

他原先的目标，是想在学校里获得学位，毕业后回到家乡的学校里去教书。但在快毕业的那年里，他发现同班的一个同学在暑假为国际函授学校推销函授课，每周所得的钱，比他父亲的辛勤所得还高出四倍。因此，他在 1908 年毕业后，便赶到国际函授学校总部所在地的丹佛市，受雇做了一名推销员。后来他又到南奥马哈，为阿摩尔公司贩卖火腿、肥皂和猪油。他的这个推销工作虽然很成功，但在 1911 年，他却到纽约《美国戏剧艺术学院》学习演戏。一年以后，他感到自己并不具备演戏的天才，于是又回到推销的行业里，为一家汽车公司当推销员。

但这些工作都不合他的理想。他为没有实现在大学里梦想写小说，不能成就一番伟业而苦恼。他认为他应该过有意义的生活，这比赚钱更重要。他决心白天写书，晚间去夜校教书，以赚取生活费。他想为夜校教公开演讲课，因为他认为，大学时代他在公开演说方面受过训练，有所经验。这些训练和经验，扫除了他的怯懦和自卑，让他有勇气和信心跟人打交道，增长了做人处世的才能。于是他说服了纽约一个基督教青年会的会长，同意他晚间为商业界人士开设一个公开演讲班。从此，他开始了为之奋斗一生的成人教育事业。

戴尔·卡耐基利用大量普通人不断努力取得成功的故事，通过演讲和著书唤起无数陷入迷惘者的斗志，激励他们取得辉煌的成功。其在 1936 年出版的著作《人性的弱点》，70 年来始终被西方世界视为社交技巧的圣经之一。他并在 1912 年创立卡耐基训练班，以教导人们人际沟通及处理压力的技巧。

◆ **卡耐基著作**

卡耐基一生写了不少文章，登载在报刊杂志上，并开播了自己的无线电广播节目，谈了很多著名人物鲜为人知的一面。

卡耐基的著作，都不是单纯地为了出版才撰写的，而是由凝结了卡耐基成人教育成果的讲义、教材逐步丰富、发展成书的，并且成书之后，不仅成为畅销书，又以教材的形式，丰富和发展了卡耐基成人教育的内容。

卡耐基的代表著作：

《人性的优点》

是卡耐基教授写的一本关于如何克服忧虑的书。此书对他对自己的原著作原义进行了深入阐述，它对于开阔我们的视野，战胜自身的忧虑，特别是克服封闭式的人性弱点，将有宝贵的启示和借鉴作用。

《人性的弱点》

是卡耐基教授写的一本关于改善人际关系、教人做人处世艺术的书。它对于开阔我们的视野，改善我们的人际关系，将有借鉴意义。

《快乐的人生》

此书是《人性的优点》续集。该书的前三部分，阐述了要想得到快乐就必须“培养快乐的心理”、“不为别人的批评而不快乐”、“支配你的工作和金钱”；第四部分则由几十位名人现身说法，讲述自己如何得到快乐的经历。总之，这是一本引导人们踏上快乐人生的书。

《智慧的锦囊》

本书阐述了卡耐基教授用来丰富生活的理论、原则和做法，它对于开阔我们的视野，如何应用做人处世的法则，来征服畏惧、培养自信、传达热忱、改善人际关系、激发人的潜能、使人走向积极的人生，将有宝贵的启示和借鉴作用。

《伟大的人物》

是卡耐基教授在搜集、研究和整理世界 57 个古今伟人、名人资料的基础上写成的。本书记述了这些伟人、名人、奇人在人生事业上的成功之路上的艰苦跋涉、成就伟业的生动事例和鲜为人知的奇闻轶事。

《思想的光辉》

是卡耐基教授写的关于成功交际法则的书。它对于开阔我们的视野，促进我们的成功交际，特别是克服封闭式的人性弱点，将有宝贵的启示和借鉴作用。

《成功之道全书》

是卡耐基哲学思想和成功学教育体系的总结。它是卡耐基教授一生的成功经验的汇总。

《语言的突破》

是一本要人们克服畏惧、建立自信，更有效地说话的书，它对于开阔我们的视野，顺乎自然地发挥自己的潜在智能，在各种场合下发表恰当的谈话，博得赞誉，获得成功，将有宝贵的启示和借鉴作用。

《写给女孩的信》

是卡耐基夫人根据她多年工作的体会，以其女性独有的视角与聪慧，专门写给妇女的生活教科学。它对于开阔我们的视野，特别是对于克服封闭的人性弱点，将有宝贵的启示和借鉴作用。这是一部女性缔造成熟之爱、获取人生幸福的经典之作。

《成功的12种方法》

是卡耐基哲学思想和教育体系的集大成。它是卡耐基教授一生的经验总结出的确确实实地对大家有用的十二把打开成功之门的钥匙。

上述这些著作，是卡耐基成人教育实践的结晶，也是卡耐基哲学思想的集中体现，一直畅销不衰。它们和卡耐基的成人教育相辅相成，改变了传统的成人教育方式，影响了千百万人的生活，也使卡耐基本人享誉世界，由一个贫民之子，成为本世纪的名人和富翁。